FORSCHUNGSBERICHTE DES LANDES NORDRHEIN-WESTFALEN

Nr. 2077

Herausgegeben im Auftrage des Ministerpräsidenten Heinz Kül
von Staatssekretär Professor Dr. h. c. Dr. E. h. Leo Brandt

Prof. Dr.-Ing. Dr.-Ing. E. h. Walther Wegener, F. T. I.
Dipl.-Ing. Rolf Guse

Institut für Textiltechnik der Rhein.-Westf. Techn. Hochschule, Aachen

Die Hysterese unbehandelter und thermisch vorbehandelter Polyamid 6-Fäden

Springer Fachmedien Wiesbaden GmbH 1969

ISBN 978-3-663-20127-4   ISBN 978-3-663-20488-6 (eBook)
DOI 10.1007/978-3-663-20488-6

Verlags-Nr. 012077

© 1969 by Springer Fachmedien Wiesbaden

Ursprünglich erschienen bei Westdeutscher Verlag GmbH, Köln und Opladen 1969.

Inhalt

1. Einleitung 5

2. Mathematische Grundlagen der Hysteresemessung 6

3. Der praktische Aufbau des Hysteresemeßgerätes 17

4. Die Eichung des Hysteresemeßgerätes 21

5. Vergleich der mit dem neu entwickelten Hysteresemeßgerät und einer fotografischen Methode durchgeführten Hysteresebestimmung 21

6. Versuchsbedingungen zur Hysteresemessung von Polyamid 6-Monofilen 23

7. Versuchsauswertung 24
   7.1 Der dehnungsbezogene Spannungsanstieg 25
   7.2 Die Dämpfung 30

8. Zusammenfassung 38

9. Literaturverzeichnis 39

1. Einleitung

Die Ergebnisse der Dauerschwinguntersuchungen von Textilien sind ein wesentliches Hilfsmittel für die Beurteilung ihres Gebrauchswertes. Nachdem die Bedeutung dieser Verfahren erkannt war, wurde eine Vielzahl von Prüfverfahren zur Bestimmung des Dauerschwingverhaltens von Materialien entwickelt [1 bis 4]. Die meisten technischen Gewebe erfahren im Gebrauch eine Vordehnung, der sich eine dynamische Beanspruchung überlagert. Aus diesem Grunde haben sich Verfahren, bei denen die Probe unter einer konstanten Vordehnung oder Vorlast einer Wechseldehnung unterworfen wird, am stärksten durchgesetzt.

Den Gegebenheiten entsprechend werden bei den genannten Verfahren verschiedene Meßgrößen zur diesbezüglichen Beurteilung der Textilien verwendet. Auf relativ einfache Weise ist die Spannung an der oberen und an der unteren Dehnungsgrenze zu erhalten. Bei bekannter Dehnung läßt sich daraus der dehnungsbezogene Spannungsanstieg (Steifheitsmodul) ermitteln. Die Veränderung des momentanen Elastizitätsmoduls ist ein Hinweis auf Strukturveränderungen des Materials; er kann unter anderem [5 bis 7] auf digitalem Wege durch die Differenzbildung von je zwei Meßwerten der Kraft bei der Aufnahme der Kraft-Längenänderungskurve gewonnen werden [8, 9].

Eine weitere zur Beurteilung des Verhaltens der Textilien geeignete Meßgröße ist die Hysterese [10 bis 20]. Sie entsteht durch eine Phasenverschiebung zwischen der Kraft- und der Längenänderung. Die Phasenverschiebung – auch Phasenwinkel genannt – ist nicht konstant, sondern variiert im allgemeinen sowohl innerhalb eines Lastspiels (Abb. 1a) als auch von einem Lastspiel zum nächsten.

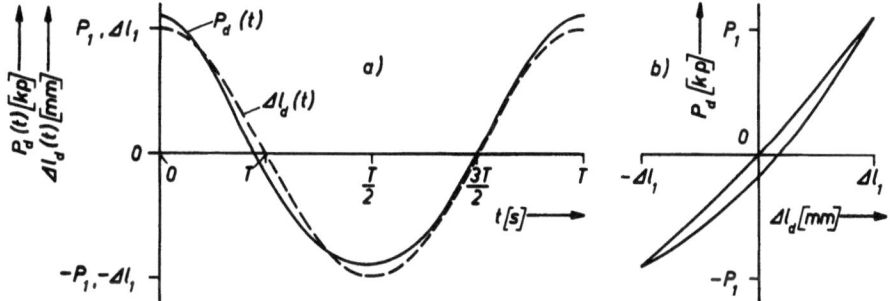

Abb. 1 a) Die Längenänderung Δl_d und die dazugehörige Kraftänderung P_d in Abhängigkeit von der Zeit t
T Zeit für einen Lastwechsel
b) Die Kraftänderung P_d in Abhängigkeit von der Längenänderung Δl_d
(Die Kurven wurden an Hand der Gleichungen (18a) und (18b) berechnet, gleichen aber den bei der praktischen Prüfung vieler textiler Materialien entstehenden Kurven)

Die Hysterese läßt sich durch die Schleife, welche die Kraft-Längenänderungskurve während eines Lastspiels durchläuft, darstellen (Abb. 1b). Sie ist ein Maß für die Arbeit, die bei einer Dauerschwingbeanspruchung in Wärme umgewandelt und für molekularstrukturelle Umsetzungen verbraucht wird [13 bis 16]. Dabei wird die Hystereearbeit vollständig in Wärme umgewandelt, wenn die Hystereseschleife geschlossen ist. Wie jedoch WEGENER [3, 13, 14] feststellte, ist die bei der Dauerschwingprüfung ermittelte Hystereseschleife auch nach längerer Versuchszeit nie ganz geschlossen. Das ist auf die zeitabhängige Relaxation bzw. Retardation des Prüfmaterials zurückzuführen. Wegen der in den vorliegenden Untersuchungen angewendeten hohen Lastwechselanzahlen können die Hystereseschleifen jedoch mit sehr guter Näherung als geschlossen angenommen werden.

Zur Registrierung der Hystereseschleifen lassen sich ein Oszillograph und bei niedrigen Frequenzen ein X-Y-Schreiber verwenden. Bei Oszillographenaufzeichnungen sind die Flächen der Hystereseschleifen zunächst zu fotografieren, auszuplanimetrieren [10] oder auszuschneiden und zu wiegen. An Hand von Eichversuchen können dann die Hysteresewerte errechnet werden. Verfahren dieser Art sind sehr umständlich und daher teuer. Aus diesem Grund wird meistens auf die Ermittlung der Hysterese verzichtet.

Um Hysteresemessungen auch in einem größeren Rahmen durchführen zu können, wurde am Institut für Textiltechnik der Rhein.-Westf. Techn. Hochschule Aachen ein Apparat zur direkten kontinuierlichen Ermittlung der an Fasern und Fäden bei der Dauerschwingprüfung entstehenden Hysterese entwickelt. Er ist im Zusammenhang mit einem Dauerschwingprüfgerät einsetzbar und kann innerhalb eines Frequenzbereiches von 1 Hz bis 100 Hz verwendet werden. Ein Vorläufer dieses Gerätes wurde von WEGENER [21], EGBERS [21] und GUSE [21] beschrieben.

Andere Verfahren zur direkten Bestimmung der Flächeninhalte von Hystereseschleifen wurden von HOFFMANN [11] sowie SHIRAKASHI [17 bis 20] und Mitarbeitern entwickelt. Unter anderem ist in dem von HOFFMANN [11] besprochenen Gerät zur direkten Ermittlung der Hysterese ein Analogrechner eingebaut, wodurch es relativ aufwendig wird. Mit der von SHIRAKASHI [17 bis 20] und Mitarbeitern angegebenen Entwicklung lassen sich nur bei einer zeitproportionalen Dehnung exakte Hysteresewerte erstellen. Für bei niedrigen Frequenzen durchzuführende Hysteresemessungen wurden auch mechanisch-elektrische Integratoren entwickelt.

2. Mathematische Grundlagen der Hysteresemessung

Bei der Konstruktion des hier beschriebenen Gerätes wurde davon ausgegangen, daß die Längenänderung der Probe in Abhängigkeit von der Zeit sinusförmig erfolgt. Diese Voraussetzung ist bei den meisten Prüfgeräten, mit denen Wechseldehnungen hoher Frequenz erzeugt werden können, gegeben. Falls die Kraftmessung weglos erfolgt, entspricht im allgemeinen die Längenänderung der Probe dem von der abziehenden Klemme zurückgelegten Weg. Die mit Hilfe von induktiven Kraftaufnehmern vorgenommene Kraftmessung kann in diesem Sinne als weglos bezeichnet werden.

Abweichend vom sonst üblichen Gebrauch wird in dieser Abhandlung anstatt der Dehnung die Längenänderung der Probe verwendet. Unter der Längenänderung wird die Differenz $\Delta l = l - l_0$ verstanden, wobei l die augenblickliche Länge und l_0 die Ausgangslänge der Probe bedeuten. Wird bei einem Dauerschwingversuch ein sinusförmiger Verlauf der Längenänderung $\Delta l(t)$ und ein sinusförmiger Verlauf der Kraftänderung $P(t)$ vorausgesetzt, so hat die Hysterese die Form einer Ellipse. Für eine solche Ellipse lassen sich in parametrischer Darstellung, in welcher die Zeit t als Parameter erscheint, die folgenden Gleichungen angegeben:

$$l(t) = l_v + \Delta l_1 \cos \omega t \tag{1a}$$
$$P(t) = P_v + P_1 \cos(\omega t + \varphi) \tag{1b}$$

mit $\Delta l_1 \cos \omega t = \Delta l_d(t)$
und $P_1 \cos(\omega t + \varphi) = P_d(t)$.

In diesen Gleichungen bedeuten – soweit es nicht bereits erklärt ist – $l(t)$ der Augenblickswert der Probenlänge, $P(t)$ der Augenblickswert der Kraft, l_v die Länge der vorgedehnten Probe, P_v die zur Länge l_v gehörende Kraft, Δl_1 die Amplitude der Längenänderung, P_1 die Amplitude der Kraftänderung und ω die Winkelgeschwindigkeit des Kurbeltriebes.

Die Größe der Ellipsenfläche wird unter der Annahme konstanter Kraftgrenzen und konstanter Grenzen der Längenänderung durch den zwischen der Kraftänderung und der Längenänderung sich ergebenden Phasenwinkel φ bestimmt.

Bei einem nicht sinusförmigen Verlauf der Kraftänderung sind der Grundschwingung Oberschwingungen überlagert. In diesem Fall weicht die Hystereseschleife von der Ellipsenform ab. In der Praxis treten nur selten ellipsenförmige Hystereseschleifen auf. Es soll daher untersucht werden, wie sich Oberschwingungen der Kraft auf die Form der Hystereseschleifen auswirken.

Gewisse Einschränkungen vorausgesetzt, läßt sich jede beliebige periodische Funktion mit der Fourierreihe durch eine Summe von Sinus- und Cosinusfunktionen ausdrücken. In einer Fourierreihe entspricht jeder Summand einer Harmonischen zur Grundschwingung. Da voraussetzungsgemäß bei der an einer Probe durchgeführten Dauerschwingbeanspruchung nur die Grundschwingung (1. Harmonische) der Längenänderung auftritt, lautet die Gleichung für die Probenlänge einfach

$$l(t) = l_v + \Delta l_1 \cos \omega t \tag{2a}$$

Die Reihenentwicklung der Kraft ist dagegen durch den Ausdruck

$$P(t) = P_v + \sum_n P_n \cos(n\omega t + \varphi_n) \tag{2b}$$

gegeben. In dieser Gleichung bedeutet die Größe P_n die Amplitude der n-ten Harmonischen der Kraftänderung.

Die Fläche der Hystereseschleife stellt eine Arbeit dar und wird daher durch die Gleichung

$$H = \int_{l_v+\Delta l_1}^{l_v-\Delta l_1} P_{\text{unten}}(l)\, dl + \int_{l_v-\Delta l_1}^{l_v+\Delta l_1} P_{\text{oben}}(l)\, dl \tag{3}$$

ausgedrückt, worin $P_{\text{unten}}(l)$ die Kraft bei einer Verkürzung und $P_{\text{oben}}(l)$ die Kraft bei einer Verlängerung der Probe bedeuten. Da die beiden Funktionen $P_{\text{unten}}(l)$ und $P_{\text{oben}}(l)$ jeweils in ihrem Gültigkeitsbereich durch dieselbe zeitabhängige Funktion $P(t)$ ausgedrückt werden können, vereinfacht sich die Gleichung (3) beim Übergang auf eine zeitabhängige Darstellung der Hysterese und erhält die Form

$$H = \int_0^T P(t)\, \frac{dl}{dt}\, dt. \tag{4}$$

(T: Zeit für eine Periode)

Werden in das Integral die Gleichungen (2) eingesetzt, so entsteht der Ausdruck

$$H = -\int_0^T [P_v + \sum_n P_n \cos(n\omega t + \varphi)] \omega \Delta l_1 \sin \omega t\, dt. \tag{5}$$

Aus dem Integral läßt sich durch eine Umformung die Gleichung

$$H = -\omega \Delta l_1 \int_0^T \left\langle P_v \sin \omega t + \sum_n \frac{P_n}{2} [\sin(\omega t - n\omega t - \varphi_n) + \sin(\omega t + n\omega t + \varphi_n)] \right\rangle dt \tag{6}$$

gewinnen. Das Integral einer Sinusfunktion über eine ganzzahlige Anzahl von Perioden T verschwindet. Daher liefert allein das Glied

$$\sum_n \frac{P_n}{2} \sin(\omega t - n\omega t - \varphi_n)$$

für $n = 1$ einen Beitrag zum Integral (6). Das Integral lautet demnach

$$H = -\omega \Delta l_1 \int_0^T \frac{P_1}{2} \sin(-\varphi_1) \, dt \tag{7}$$

mit der Lösung

$$H = \frac{\omega}{2} \Delta l_1 P_1 T \sin \varphi_1 \tag{8}$$

oder

$$H = \pi \cdot \Delta l_1 \cdot P_1 \sin \varphi_1, \tag{9}$$

wenn $\omega = \dfrac{2\pi}{T}$ gesetzt wird.

Für eine direkte Messung der Hysterese muß die Gleichung (4) in geeigneter Weise meßtechnisch nachgebildet werden. Es wären demnach zunächst die an die Probe angreifende Kraft und die Länge der Probe kontinuierlich zu messen. Die Meßwerte müssen als weiterverarbeitbare Größen, beispielsweise als elektrische Signale vorliegen. Mit induktiven Kraft- und Wegaufnehmern lassen sich diese Forderungen erfüllen. Entsprechend der Gleichung (4) haben nach der Meßwertaufnahme eine Differentiation der Probenlänge, eine Produktbildung zwischen der differenzierten Probenlänge und der Kraft sowie schließlich eine Integration über dieses Produkt zu erfolgen. Diese Rechenvorgänge lassen sich zwar meßtechnisch realisieren, jedoch ist der dafür notwendige Geräteaufwand sehr hoch.

Oft ist es in der Meßtechnik möglich, statt aufwendiger exakter Auswertungen einfachere Näherungsverfahren zu verwenden, welche unter bestimmten Voraussetzungen die zulässigen Fehlergrenzen nicht überschreiten. So vereinfacht HOFFMANN [11] das beschriebene Verfahren zur Bestimmung der Hysterese dadurch, daß er das mit einem Analogrechner ermittelte Produkt $P(t) \omega \Delta l_1 \sin \omega t$ nicht integriert, sondern mittels eines trägen Gleichspannungsmeßgerätes den zeitlichen Mittelwert des Produktes bildet. Durch die Mittelwertbildung wird das Ergebnis frequenzabhängig. Da jedoch während eines Versuches die Lastwechselfrequenz nicht verändert wird, läßt sich der Wert der Hysterese dadurch ermitteln, daß der Anzeigewert des Gleichspannungsmeßgerätes bei entsprechender Eichung durch die eingestellte Lastwechselfrequenz dividiert wird.

Die Verfasser vereinfachen das Auswertverfahren dadurch, daß sie die aufwendige Produktbildung umgehen. Unter bestimmten noch anzugebenden Voraussetzungen ist nämlich auch die Näherungslösung

$$F = \int_0^{T/2} -P(t) \, dt + \int_{T/2}^T P(t) \, dt \tag{10}$$

ein Maß für die Größe der Hysterese. Unter Berücksichtigung der Gleichung (2b) entsteht aus der Gleichung (10) der Ausdruck

$$F = \int_0^{\frac{T}{2}} [-P_v - \sum_n P_n \cos(n\omega t + \varphi_n)] \, dt + \int_{\frac{T}{2}}^T [P_v + \sum_n P_n \cos(n\omega t + \varphi_n)] \, dt \quad (11)$$

mit der Lösung

$$F = \left[-P_v t - \sum_n \frac{P_n}{n\omega} \sin(n\omega t + \varphi_n)\right]_0^{\frac{T}{2}}$$

$$+ \left[P_v t + \sum_n \frac{P_n}{n\omega} \sin(n\omega t + \varphi_n)\right]_{\frac{T}{2}}^T. \quad (12)$$

Werden die Grenzen eingesetzt und wird berücksichtigt, daß $\omega = \frac{2\pi}{T} = 2\pi f$ ist, so entsteht aus der Gleichung (12) der Ausdruck

$$F = -\frac{P_v T}{2} - \sum_n \frac{P_n}{2\pi f n} [\sin(n\pi + \varphi_n) - \sin \varphi_n]$$

$$+ \frac{P_v T}{2} + \sum_n \frac{P_n}{2\pi f n} [\sin(2n\pi + \varphi_n) - \sin(n\pi + \varphi_n)]. \quad (13)$$

Dieser Ausdruck kann über das Zwischenergebnis

$$F = \frac{1}{\pi f} \sum_n \frac{P_n}{n} [\sin \varphi_n - \sin(n\pi + \varphi_n)] \quad (14)$$

zur Gleichung

$$F = \frac{1}{\pi f} \sum_n \frac{P_n}{n} (1 - \cos n\pi) \sin \varphi_n \quad (15)$$

vereinfacht werden. Für alle geradzahligen Werte von n verschwindet der Ausdruck (15), während er für die ungeradzahligen Werte von n die Form

$$F = \frac{2}{\pi f} \sum_n \frac{P_n}{n} \sin \varphi_n \quad (16)$$

annimmt. Demnach haben allein die ungeradzahligen Harmonischen der Kraft einen Einfluß auf die Größe der Fläche F. Unter der vereinfachenden Annahme, daß die Kraftänderung rein sinusförmig verläuft, enthält die Summe (16) nur das Glied

$$F = \frac{2}{\pi f} P_1 \sin \varphi_1 \quad (17)$$

Wird die ohnehin meistens erfüllte Forderung eingehalten, daß während eines Versuches die Frequenz f und die Amplitude Δl_1 der Längenänderung nicht verändert werden dürfen, so unterscheidet sich die Näherungslösung (17) nur noch durch einen konstanten Faktor von dem exakten Wert (9) für die Größe der Hysterese. Leider wird die Annahme, daß bei einer sinusförmigen Längenänderung von textilen Fasern die Kraftänderung auch rein sinusförmig verläuft, in den meisten Fällen nicht exakt erfüllt. Vielmehr treten neben den geradzahligen Harmonischen, die das Meßergebnis nicht beeinflussen, auch ungeradzahlige Harmonische zur Grundschwingung der Kraft auf. Wenn die ungeradzahligen Harmonischen auch nicht voll, sondern nur mit dem Faktor $\dfrac{\sin \varphi_n}{n}$ in das Ergebnis (16) der Gleichung (10) eingehen, so müssen sie doch mit in den Betrachtungskreis einbezogen werden. Das für die Auswertung der Gleichung (10) wichtige unterschiedliche Verhalten der geradzahligen und der ungeradzahligen Harmonischen geht aus der Abb. 2 hervor. In der Abb. 2 sind die Grundschwingung sowie die zweite und dritte Harmonische der Kraftänderung in verschiedenen Phasenlagen getrennt voneinander dargestellt. Wenn zum Zeitpunkt $t = \dfrac{T}{2}$ die untere Dehnungsgrenze erreicht wird, kehrt entsprechend der Gleichung (10) die Funktion $P(t)$ ihr Vorzeichen um.

Die von der Grundschwingung mit der Zeitachse eingeschlossene Fläche ist ein Maß für die Größe der Hysterese. Dabei müssen die unterhalb der Zeitachse liegenden Flächenanteile mit negativem Vorzeichen berücksichtigt werden. Die von den Harmonischen höherer Ordnung mit der Zeitachse eingeschlossenen Flächen sind gegenüber der von der Grundschwingung erzeugten Fläche als Störgrößen zu betrachten. Hierbei heben sich für die geradzahligen Harmonischen die positiven und die negativen Flächenanteile in jeder Phasenlage gegeneinander auf, weil stets eine ganzzahlige Anzahl von Wellenlängen den Bereich von $t = 0$ bis $t = \dfrac{T}{2}$ bzw. von $t = \dfrac{T}{2}$ bis $t = T$ ausfüllt.

Bei den ungeradzahligen Harmonischen verbleibt hingegen außer bei der Phasenlage $\varphi_n = 0$ stets eine Restfläche, die bei der Ermittlung des Flächeninhaltes der Hystereseschleife als Störgröße auftritt.

Um eine Vorstellung vom Oberschwingungsgehalt tatsächlich vorkommender Hystereseschleifen zu erhalten, wurde eine Frequenzanalyse der Kräfte durchgeführt, die bei der Dauerschwingprüfung von Fäden unterschiedlicher Provenienz entstehen. Die Analyse geschah mit Hilfe des Analogrechners »Isac« der Firma Noratom, Oslo, mit dem ein Frequenzbereich zwischen ca. 10 Hz und 200 Hz ausgewertet werden kann. Die Frequenz der Wechseldehnung wurde bei den Dauerschwingversuchen auf 20 Hz festgelegt. Bei der Frequenzanalyse erfolgte die Bestimmung der Schwingungsamplituden bis zur 10. Harmonischen. In der Abb. 3 sind die Spektren dargestellt, die bei der Prüfung eines Nylonkords (Abb. 3a), eines Reyonkords (Abb. 3b) und einer Perlonborste (Abb. 3c) auftreten. In den Abbildungen wurde die Grundschwingungsamplitude in jedem Fall mit 100% vereinbart. Bemerkenswert ist nun, daß von der dritten Harmonischen an keine Oberschwingung eine höhere Amplitude als 1% der Grundschwingungsamplitude aufweist. Damit hinsichtlich der Hysterese ein weiterer Aufschluß über die Größe der zu erwartenden Fehler gewonnen werden kann, wurde eine Hystereseschleife rechnerisch in der Weise aus mehreren Teilschwingungen aufgebaut, daß sie in ihrer Form der bei der Dauerschwingprüfung vieler Garne unterschiedlicher Provenienz auftretenden Hystereseschleifen ähnlich ist. Die in dieser Art berechnete Hystereseschleife ist in der Abb. 1b dargestellt. Für die Berechnung wurde der Phasenwinkel der Grundschwingung $\varphi_1 = 0,025 \pi$ gewählt. Das Amplitudenverhältnis der 2. Harmonischen zur Grundschwingung beträgt $\dfrac{P_2}{P_1} = 0,1$. Der Phasenwinkel der 2. Harmonischen ist $\varphi_2 = 0$. Die entsprechenden Größen der 3. Harmonischen lauten

$$\frac{P_3}{P_1} = 0,01 \quad \text{und} \quad \varphi_3 = -0,5\,\pi.$$

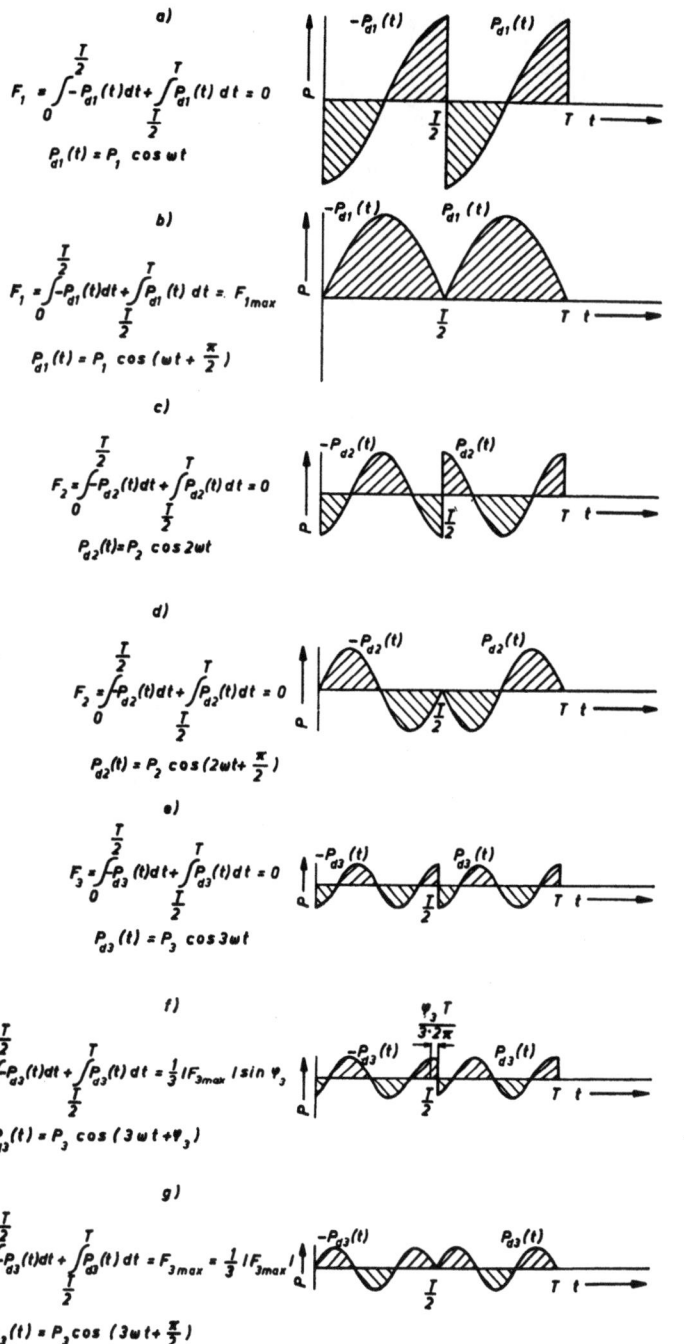

Abb. 2 Die Grundschwingung sowie die zweite und die dritte Harmonische der Kraftänderung in verschiedenen Phasenlagen für die Zeit $t = 0$ bis $t = T$. Die Phasenumkehr bei $t = \dfrac{T}{2}$ und die schraffierten Flächen F entsprechen der Hystereseberechnung nach Gleichung (10)

a) Grundschwingung: $\varphi_1 = 0$

b) Grundschwingung: $\varphi_1 = \dfrac{\pi}{2}$

c) 2. Harmonische: $\varphi_2 = 0$

d) 2. Harmonische: $\varphi_2 = \dfrac{\pi}{2}$

e) 3. Harmonische: $\varphi_3 = 0$

f) 3. Harmonische: $0 < \varphi_3 < \dfrac{\pi}{2}$

g) 3. Harmonische: $\varphi_3 = \dfrac{\pi}{2}$

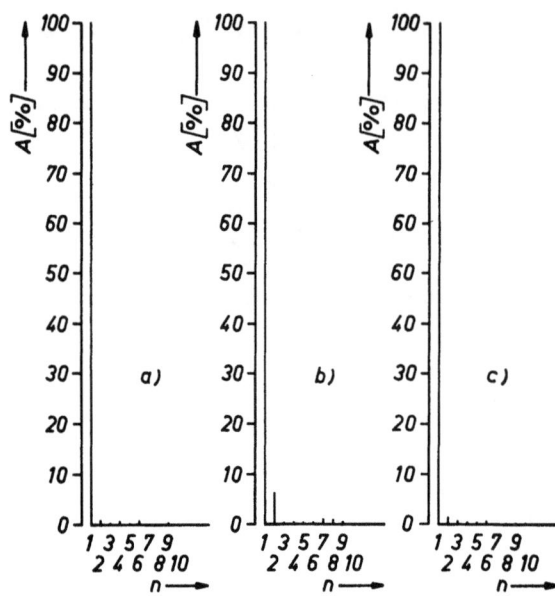

Abb. 3 Amplitudenspektren der Kraftänderung; Prüffrequenz 20 Hz, sinusförmige Schwingung

A [%] Amplitude der Harmonischen, bezogen auf die Amplitude der Grundschwingung

n Ordnung der Harmonischen

a) Nylonkord 840 dtex f 140 Z 500 × 2 S 500
   Einspannlänge $l_0 = 100$ mm; Vordehnung $\varepsilon_{vGerät} = 4\%$; Hub = 1 mm

b) Reyonkord 778 dtex f 1650
   Einspannlänge $l_0 = 100$ mm; Vordehnung $\varepsilon_{vGerät} = 4\%$; Hub = 1 mm

c) Perlonborste 0,17 mm $\varnothing$
   Einspannlänge $l_0 = 100$ mm; Vordehnung $\varepsilon_{vGerät} = 7\%$; Hub = 3 mm

Die in der Abb. 1 b abgebildete Hystereseschleife wird in parametrischer Form mit der Zeit t als unabhängige Variable durch die Gleichungen

$$\Delta l_d(t) = \Delta l_1 \cos 2\pi \frac{t}{T} \tag{18a}$$

und

$$P_d(t) = P_1 \cos 2\pi \left(\frac{t}{T} + 0{,}0125\right) + 0{,}1\, P_1 \cos 2\pi \frac{t}{T}$$
$$+ 0{,}01\, P_1 \cos 2\pi \left(\frac{3\,t}{T} - 0{,}25\right) \tag{18b}$$

wiedergegeben. Die Gleichungen entsprechen den in der Abb. 1a dargestellten Kurven. Die Größen Δl_1 und P_1 sind die Amplitude der Längenänderung bzw. der Grundschwingung der Kraftänderung, die Größe T ist die für den Lastwechsel benötigte Zeit. Die Fläche der Hystereseschleife wird mittels der Gleichung $H = \pi \Delta l_1 P_1 \sin \varphi_1$ (9) errechnet. Es ergibt sich die Fläche $H = \pi \Delta l_1 P_1 \sin 0{,}025\,\pi$. Die Oberschwingungen liefern keinen Beitrag zur Fläche der Hystereseschleife. Die größte mögliche Hystereseschleife, die unter der Annahme eines Phasenwinkels $\varphi_1 = 0{,}5\,\pi$ entsteht, ist ein Kreis mit der Fläche $H_0 = \pi \Delta l_1 P_1$. Die Berechnung der Hysteresefläche aus der für ungeradezahlige Werte von n geltenden Näherungsgleichung

$$F = \frac{2}{\pi f} \sum_n \frac{P_n}{n} \sin \varphi_n \qquad (16)$$

ergibt

$$F = \frac{2}{\pi f} P_1 \left[\sin 0{,}025\, \pi + \frac{0{,}01}{3} \right].$$

Die größte mögliche Fläche ist hier $F_0 = \dfrac{2}{\pi f} P_1$. Das Verhältnis der Hystereseflüche H (Abb. 3) zur größten möglichen Hystereseflüche H_0 ist nach der exakten Gleichung (9) $\dfrac{H}{H_0} = \sin 0{,}025\, \pi$, während sich nach der Näherungsgleichung das entsprechende Verhältnis

$$\frac{F}{F_0} = \sin 0{,}025\, \pi + \frac{0{,}01}{3}$$

ergibt.

Der Fehler, der bei der mittels der Näherungsgleichung (16) vorgenommenen Berechnung der Hysteresefläche entsteht, beträgt demnach

$$\frac{\dfrac{F}{F_0} - \dfrac{H}{H_0}}{\dfrac{H}{H_0}} = \frac{\sin 0{,}025\, \pi + \dfrac{0{,}01}{3} - \sin 0{,}025\, \pi}{\sin 0{,}025\, \pi} \cdot 100\, [\%]$$

$$= 4{,}25\%.$$

Dieser relativ große Fehler kann durch die Verwendung eines Filters wesentlich verkleinert werden. Die Gleichung

$$H = \pi \cdot \Delta l_1 \cdot P_1 \sin \varphi_1 \qquad (9)$$

beinhaltet nämlich den folgenden Sachverhalt. Eine konstante Amplitude Δl_1 der Längenänderung vorausgesetzt, wird die Größe der Hysteresefläche von der Amplitude P_1 und vom Phasenwinkel φ_1 allein der Grundschwingung der Kraftänderung, nicht aber von den Oberschwingungen beeinflußt. Die Oberschwingungen können daher ausgefiltert werden, ohne daß die Größe der Hysteresefläche verändert wird. Bei der Filterung entstehen eine Dämpfung und eine Phasenverschiebung des Kraftsignals, welche sich jedoch durch eine entsprechende Eichung eliminieren lassen. Diese Eichung wird mit einer Sinusschwingung bekannter Amplitude und bekannter Phasenverschiebung und der Frequenz der Längenänderung durchgeführt. Um die Genauigkeit des Gerätes zu verbessern, wurde die dargestellte mögliche Meßwertfilterung genutzt. Es fand ein aktives Filter Verwendung. Das Prinzipschaltbild des Filters ist aus der Abb. 4 zu ersehen. Der in das Filter eingebaute Verstärker VS muß eine sehr hohe Verstärkung aufweisen. Nur unter dieser Voraussetzung ist die folgende Berechnung des Frequenzganges des Filters gültig.

Das Verhältnis der Ausgangsspannung zur Eingangsspannung ist die Verstärkung. Zunächst werden getrennt voneinander die Verstärkungen der beiden Filterstufen berechnet. Die Gesamtverstärkung ergibt sich aus dem Produkt der beiden Einzelverstärkungen. Das Verhältnis der beiden Spannungen $\mathfrak{U}_1$ und $\mathfrak{U}_2$ (Abb. 4)

$$\frac{\mathfrak{U}_2}{\mathfrak{U}_1} = \frac{\dfrac{1}{\dfrac{1}{R_2}+j\omega C_1}}{R_1 + \dfrac{1}{\dfrac{1}{R_2}+j\omega C_1}} = \frac{1}{\dfrac{R_1}{R_2}+j\omega R_1 C_1 + 1} \qquad (19)$$

ist die Verstärkung der ersten Filterstufe. Die Verstärkung der zweiten Filterstufe wird durch die Gleichung

$$\frac{\mathfrak{U}_3}{\mathfrak{U}_2} = -\frac{\dfrac{1}{\dfrac{1}{R_3}+j\omega C_2}}{R_2} = -\frac{1}{\dfrac{R_2}{R_3}+j\omega R_2 C_2} \qquad (20)$$

ausgedrückt. Das Produkt der Gleichungen (19) und (20) ist die Gesamtverstärkung

$$v = -\frac{1}{\left(\dfrac{R_1}{R_2}+j\omega R_1 C_1 + 1\right)\left(\dfrac{R_2}{R_3}+j\omega R_2 C_2\right)}. \qquad (21)$$

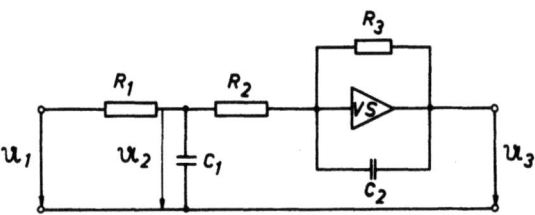

Abb. 4 Prinzipschaltbild eines zweistufigen aktiven Filters
C_1, C_2 Kondensatoren
R_1, R_2, R_3 Widerstände
$\mathfrak{U}_1, \mathfrak{U}_2, \mathfrak{U}_3$ Spannungen
VS Verstärker

Die Gleichspannungsverstärkung

$$v_0 = -\frac{R_3}{R_1 + R_2} \qquad (22)$$

entsteht aus der frequenzabhängigen Verstärkung (21), wenn die Kreisfrequenz $\omega = 0$ gesetzt wird.
Unter der Voraussetzung, daß die beiden Widerstände R_1 und R_2 gleich groß gewählt werden, läßt sich die Gleichung (22) in den Ausdruck

$$v_0 = -\frac{R_3}{2R_1} \qquad (23)$$

umwandeln. Wird in der Gleichung (21) $R_1 = R_2$ gesetzt, so entsteht nach einer entsprechenden Umformung der Ausdruck

$$\mathfrak{v} = -\frac{1}{R_1^2 C_1 C_2 \left(\dfrac{2}{R_1 C_1} + j\omega\right)\left(\dfrac{1}{R_3 C_2} + j\omega\right)} \qquad (24)$$

für die frequenzabhängige Verstärkung. Die in der Gleichung (24) auftretenden Ausdrücke $\dfrac{2}{R_1 C_1}$ und $\dfrac{1}{R_3 C_2}$ stellen die Grenz-Kreisfrequenzen der beiden Filterstufen dar. Falls die beiden Grenz-Kreisfrequenzen einander gleich sind, hat der Frequenzgang des Filters im Bereich dieser den beiden Filterstufen gemeinsamen Grenz-Kreisfrequenz den steilsten Verlauf. Die Gleichung

$$\mathfrak{v} = -\frac{1}{2 R_1 R_3 C_2^2 \left(\dfrac{1}{R_3 C_2} + j\omega\right)^2} \qquad (25)$$

beschreibt den Frequenzgang des Filters unter den genannten Voraussetzungen. Wird die frequenzabhängige Verstärkung $\mathfrak{v}$ (25) auf die Gleichspannungsverstärkung v_0 (23) normiert, so entsteht die Gleichung

$$\frac{\mathfrak{v}}{v_0} = \frac{1}{(1 + j\omega R_3 C_2)^2} \, . \qquad (26)$$

Hierin kann die Grenz-Kreisfrequenz $\omega_g = \dfrac{1}{R_3 C_2}$ eingeführt werden, so daß sich der Ausdruck

$$\frac{\mathfrak{v}}{v_0} = \frac{1}{\left(1 + j\dfrac{\omega}{\omega_g}\right)^2} = \frac{1}{\left(1 + j\dfrac{f}{f_g}\right)^2} \qquad (27)$$

ergibt $\left(\text{Frequenz } f = \dfrac{\omega}{2\pi}, \text{Grenzfrequenz } f_g = \dfrac{\omega_g}{2\pi}\right)$.

Mit der Abkürzung $\Omega = \dfrac{f}{f_g}$, die als normierte Frequenz bezeichnet wird, erhält die Gleichung (27) die Form

$$\frac{\mathfrak{v}}{v_0} = \frac{1}{(1 + j\Omega)^2} \qquad (28)$$

Die Ortskurve der auf die Gleichspannungsverstärkung bezogenen frequenzabhängigen Verstärkung $\dfrac{\mathfrak{v}}{v_0}$ ist in der Abb. 5 dargestellt. Der Betrag $\dfrac{v}{v_0}$ und der Phasenwinkel φ_F dieser Verstärkung sind durch die Ausdrücke

$$\frac{v}{v_0} = \frac{1}{1 + \Omega^2} \qquad (29)$$

und

$$\varphi_F = \arctan \frac{-2\Omega}{1 + \Omega^2} \qquad (30)$$

gegeben und in der Abb. 6 dargestellt. Die Grenzfrequenz f_g des Filters wird so eingestellt, daß sie mit der Prüffrequenz übereinstimmt ($\Omega = 1$). Bei dieser Einstellung

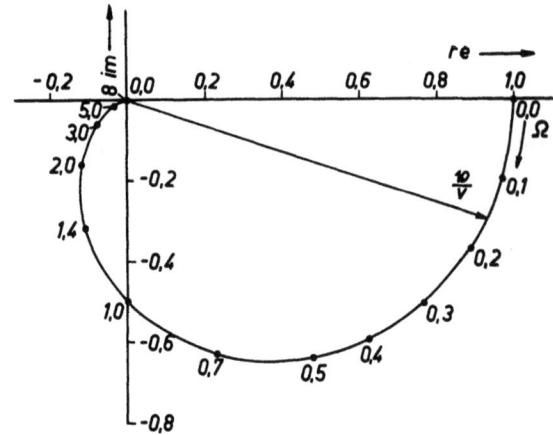

Abb. 5 Ortskurve der normierten Verstärkung $\frac{v}{v_0}$ des zweistufigen Filters

Ω normierte Frequenz
re reelle Achse
im imaginäre Achse

erhält die normierte Verstärkung der Grundschwingung der Kraftänderung den Betrag $\frac{v_1}{v_0} = \frac{1}{2}$ ((29) und Abb. 6), während die normierte Verstärkung der 3. bzw. 5. Harmonischen zur Grundschwingung ($\Omega = 3$ bzw. $\Omega = 5$) den Wert $\frac{v_3}{v_0} = \frac{1}{10}$ bzw. $\frac{v_5}{v_0} = \frac{1}{26}$ annimmt. An anderer Stelle dieser Abhandlung wurde der Fehler berechnet, der durch den Anteil der 3. Harmonischen zur Grundschwingung der Kraftänderung bei der Berechnung der Hysteresefläche an Hand der Näherungsgleichung (16) verursacht wird. Der Fehler läßt sich durch die Anwendung des angegebenen Filters auf $1/5$ des ursprünglichen Wertes, also hier auf 0,85% herabsetzen. Dieser Fehler liegt innerhalb der Meßgenauigkeit der verwendeten Bauteile und kann daher vernachlässigt werden. Die Harmonischen höherer Ordnung werden noch stärker als die 3. Harmonische ausgefiltert und können daher praktisch keine weiteren Fehler mehr verursachen. Das

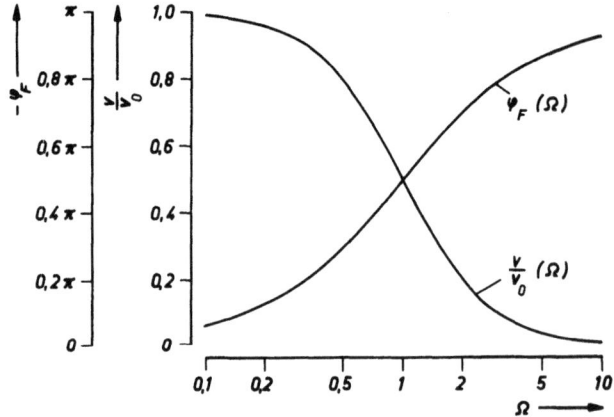

Abb. 6 Betrag $\frac{v}{v_0}$ und Phasenwinkel φ_F der normierten Verstärkung des zweistufigen Filters, jeweils in Abhängigkeit von der normierten Frequenz Ω

Filter ist in Stufen auf 11 voneinander verschiedene Grenzfrequenzen zwischen 2 Hz und 90 Hz umschaltbar, so daß es bei unterschiedlichen Prüffrequenzen eingesetzt werden kann. Wie es aus der Abb. 6 hervorgeht, ändert sich im Bereich der Grenzfrequenz ($\Omega = 1$) der Phasenwinkel besonders stark. Es ist daher bei der Versuchsdurchführung darauf zu achten, daß die Prüffrequenz soweit wie möglich konstant gehalten wird.

3. Der praktische Aufbau des Hysteresemeßgerätes

Das Prinzip des Hysteresemeßgerätes wird von der Gleichung (10) her bestimmt. Dem Aufbau dieser Gleichung entsprechend enthält das Hysteresemeßgerät einen Analogteil und einen Digitalteil. Die Filterung, die Umkehrverstärkung und die Integration des Meßwertes $P(t)$ sowie die Speicherung der Integrationswerte werden im Analogteil vorgenommen. Im Digitalteil geschieht dagegen die Festlegung der Zeitpunkte, welche die Integrationsgrenzen bestimmen, sowie der Schaltzeitpunkte zu Beginn und am Ende der Speicherzeiten und der Löschzeiten.

Die Steuerung dieser Vorgänge geschieht mittels einer Lochscheibe, die auf der Welle des für die Wechseldehnung der Probe vorgesehenen Exzentersystems befestigt ist. Vor der Lochscheibe LS (Abb. 7) sind diametral zueinander zwei Fotodioden PD_1 und PD_2 angeordnet. Gegenüber den Fotodioden auf der anderen Seite der Lochscheibe befinden sich zwei Lampen L_1 und L_2. In die Lochscheibe selbst ist ein Loch gebohrt, das beim Rotieren der Scheibe abwechselnd die beiden Fotodioden zur Beleuchtung freigibt. Durch die abwechselnd auf die beiden Fotodioden fallenden Lichtblitze entstehen Spannungsimpulse, die von den beiden sich an die Fotodioden anschließenden Schmitt-Triggern ST_1 und ST_2 in Rechteckimpulse umgewandelt werden. Mit diesen Impulsen lassen sich nach einer weiteren Verstärkung durch die Impulsverstärker IV_1 und IV_2 die Flipflops FF_1 und FF_3 sowie mittelbar das Flipflop FF_2 und die Rückstelleinheit RE ansteuern. Die in Abhängigkeit von der Längenänderung (Stellung der Lochscheibe) vorhandenen Zustände der Flipflops sind maßgebend für die Schaltstellung der Tore T_1 bis T_4 und des Speichers S. Eine am Eingang E_ε oder am Eingang E_P anliegende Spannung gelangt durch das Filter F an den Analogeingang des Tores T_1. Das Tor T_1 ist nur dann geöffnet, wenn die Leitungen r und l unter Spannung stehen. Dem Analogeingang des Tores T_2 ist der Umkehrverstärker UV mit der Verstärkung $v = -1$ vorgeschaltet, der das Vorzeichen der Spannung am Filterausgang umkehrt. Die Ausgangsspannung des Umkehrverstärkers kann das Tor T_2 nur dann passieren, wenn die Leitungen r und k unter Spannung stehen. Die Tore T_1 und T_2 werden von den Flipflops FF_1 und FF_2 derart gesteuert, daß am Eingang des Integrators I für die Zeit $0 < t \leqq \dfrac{T}{2}$ die Eingangsspannung $-u(t) \sim -P(t)$ (10) und für die Zeit $\dfrac{T}{2} < t \leqq T$ die Spannung $+u(t)$ anliegt. Während des Zeitraums $T < t \leqq 2T$ sind beide Tore gesperrt. Der Integrator bewirkt die Integration einer an seinem Eingang anliegenden Spannung unter der Voraussetzung, daß das Tor T_3 geschlossen ist. Diese Voraussetzung ist in der Zeit $0 < t \leqq \dfrac{3}{2}T$ erfüllt. Da in der Zeit $T < t \leqq \dfrac{3}{2}T$ keine Spannung am Eingang des Integrators anliegt, hält während dieser Zeit der Integrator lediglich

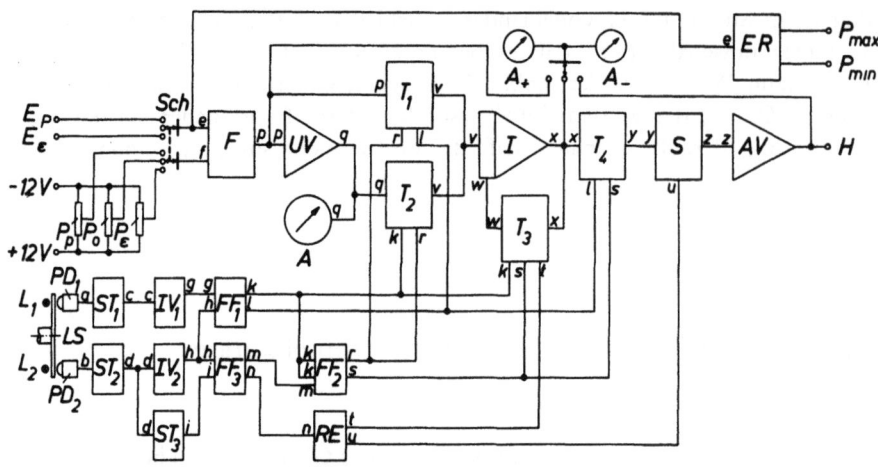

Abb. 7 Übersichtsschaltplan des Hysteresemeßgerätes

E_P	Eingang des Kraftsignales
E_ε	Eingang des Längenänderungssignales
P_P	Potentiometer zur Nullpunktunterdrückung der Kraft
P_ε	Potentiometer zur Nullpunktunterdrückung der Längenänderung
P_0	Eichpotentiometer
Sch	Schalter
F	Filter
UV	Umkehrverstärker
I	Integrator
S	Speicher
AV	Ausgangsverstärker
ER	Extremwertrechner
L_1, L_2	Lampen
LS	Lochscheibe
PD_1, PD_2	Fotodioden
ST_1 bis ST_3	Schmitt-Trigger
IV_1, IV_2	Impulsverstärker
FF_1 bis FF_3	Flipflops
RE	Rückstelleinheit
T_1 bis T_4	Tore
A	Meßinstrument zur Anzeige der Kraft bzw. der Längenänderung
A_+, A_-	Aussteuerungsanzeige
a bis z	Leitungen
H	Schreiberausgang für die Hysterese
P_{max}	Schreiberausgang für die Maximalkraft
P_{min}	Schreiberausgang für die Minimalkraft

den bis dahin integrierten Wert fest. Für die Zeit $\frac{3}{2}T < t \leq 2T$ öffnen die Flipflops FF_1 und FF_2 das Tor T_3, wodurch das Löschen des Integrators bewirkt wird. Das Tor T_4 ist ausschließlich in der Zeit $T < t \leq \frac{3}{2}T$ geöffnet. Dadurch gelangt nur der zum Zeitpunkt T am Integratorausgang vorliegende Integrationswert in den Speicher S. Dort wird er bis zum Vorliegen des im nächsten Zyklus entstehenden neuen Integrationswertes gespeichert. Über einen Ausgangsverstärker AV kann der jeweils gespeicherte Integrationswert auf einem Schreiber zur Anzeige gebracht werden. Der Ausgangsverstärker ist mit einer Dämpfungseinrichtung ausgerüstet, mit der durch Störungen verursachte Schwankungen der Ausgangsspannung gedämpft werden können.

Wenn die während des normalen Betriebs regelmäßig auftretenden Impulse zur Steuerung der einzelnen Rechenvorgänge nach der Beendigung eines Versuches über eine Sekunde lang ausfallen, tritt zum Löschen des Integrators I und des Speichers S die Rückstelleinheit RE im Zusammenhang mit dem Schmitt-Trigger ST_3 und dem Flipflop FF_3 in Tätigkeit.

Zur Bestimmung des dehnungsbezogenen Spannungsanstieges

$$E^* = \frac{(P_{max} - P_{min})\, l_0}{2\, \Delta l \cdot F} \tag{31}$$

lassen sich der in jeder Periode auftretende Maximal- und Minimalwert der Kraft P_{max} und P_{min} mit dem Extremwertrechner ER, dessen Schaltung in der Abb. 8 angegeben ist, ermitteln. Die der Kraft proportionale elektrische Spannung wird im Punkt P an-

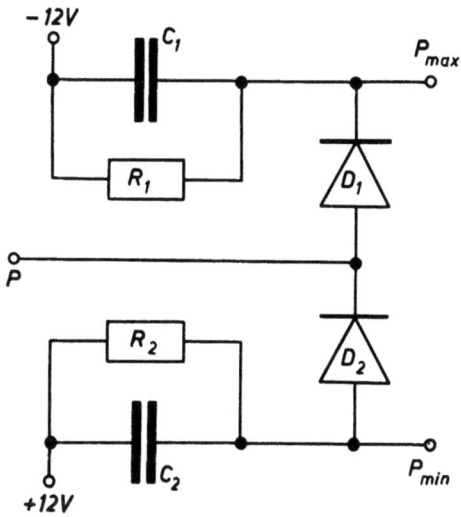

Abb. 8   Schaltbild des Extremwertrechners
    C_1, C_2 Kondensatoren
    R_1, R_2 Ableitwiderstände
    D_1, D_2 Dioden
    P Eingang des Kraftsignals
    P_{max} Schreiberausgang für die Maximalkraft
    P_{min} Schreiberausgang für die Minimalkraft

gelegt. An den Punkten P_{max} und P_{min} entstehen auf Grund der Diodenschaltung die Extremwerte der Kraft. Durch die Größe der Kondensatoren C_1 und C_2 sowie der Ableitwiderstände R_1 und R_2 wird im wesentlichen die Zeitkonstante $T = RC$ bestimmt, mit der die Anzeige eines einmal erreichten Extremwertes abklingt. Ist die Zeitkonstante zu groß, so kann die Anzeige nicht schnell genug dem Verlauf der Amplitude der Kraftänderung folgen (Abb. 9, Kurve 1). Bei einer zu kleinen Zeitkonstanten dagegen wird die Anzeige verfälscht, weil zwischen den einzelnen Perioden die Spitzenwerte nicht lange genug gespeichert werden (Abb. 9, Kurve 2). Die Kurve 3 ergibt sich bei richtig gewählter Zeitkonstante.

Der Aufbau des Hysteresemeßgerätes ist fast vollständig in Steckkartentechnik durchgeführt. Ein Teil der Steckkarten, wie die Verstärker, die Flipflops, die Schalttore und

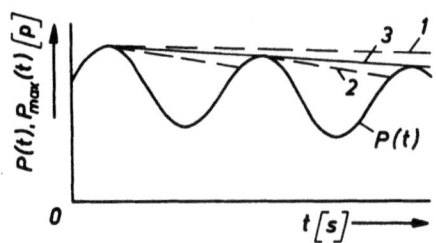

Abb. 9 Verlauf des Kraftsignals $P(t)$ am Punkt P und der Anzeige der Maximalkraft $P_{max}(t)$ am Punkt P_{max} des Extremwertrechners
1: $P_{max}(t)$ bei zu großer Zeitkonstante
2: $P_{max}(t)$ bei zu kleiner Zeitkonstante
3: $P_{max}(t)$ bei richtig gewählter Zeitkonstante

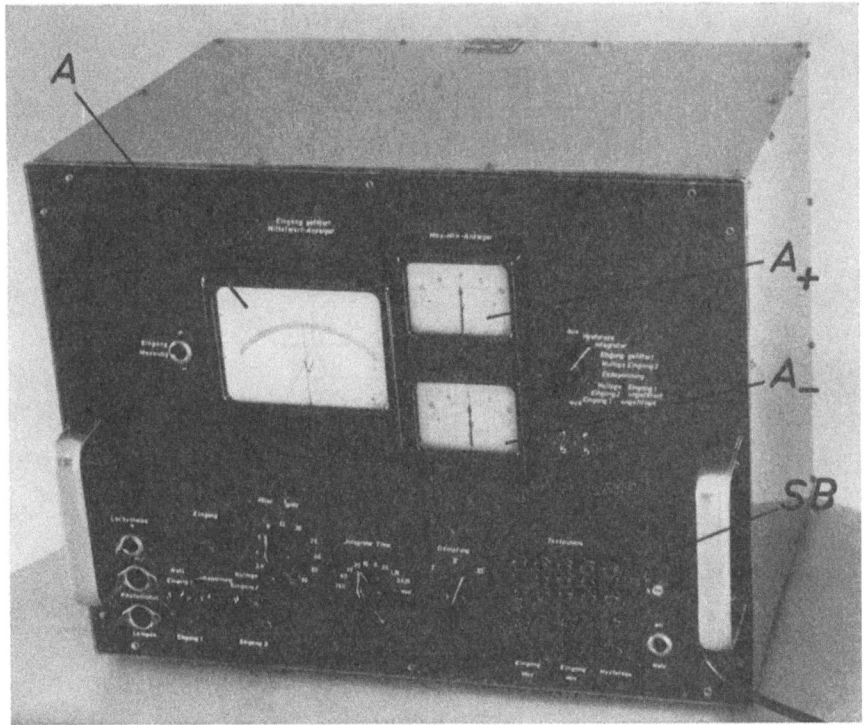

Abb. 10 Frontansicht des Hysteresemeßgerätes
    A Meßinstument zur Anzeige der Kraft bzw. der Längenänderung
    A_+, A_- Aussteuerungsanzeige
    SB Steckbuchsen

die Stromversorgungseinheit sind handelsübliche Bauteile, während der Bau des Filters und der Schmitt-Trigger sowie der Zusammenbau des gesamten Gerätes bei uns durchgeführt wurden. Aus der Abb. 10 ist die Frontansicht des von den Verfassern entwickelten Hysteresemeßgerätes zu ersehen. Das Anzeigeinstrument A ist ein Präzisionsvoltmeter mit Spiegelskala, welches bei der Eichung des Hysteresemeßgerätes Verwendung findet. Unter anderem dienen die einzelnen auf der Frontplatte befindlichen Schalter zur Umschaltung des Filters, der Integrationskonstante, der Ausgangsverstärkerdämpfung und zur Wahl der Eingangsspannung. Mit den beiden kleinen Anzeigeinstrumenten A_+ und A_- läßt sich über den daneben angeordneten Schalter wahlweise die Aussteuerung der einzelnen Verstärker und des Integrators kontrollieren. Speziell zeigt das Instrument A_+ die Aussteuerung in positiver, das Instrument A_- dagegen die Aussteuerung in negativer Richtung an. Auf diese Weise sind Übersteuerungen leicht festzustellen. Über die Steckbuchsen SB können verschiedene Funktionen innerhalb des Gerätes mittels eines Oszillographen beobachtet werden.

4. Die Eichung des Hysteresemeßgerätes

Zur Eichung des Hysteresemeßgerätes sind mehrere nacheinander auszuführende Teileichungen notwendig. Zunächst wird der Schalter Sch (Abb. 7) in die Stellung E_P (Anschluß an die Kraftmeßdose) gebracht und bei entlasteter Kraftmeßdose der Ausschlag des Anzeigeinstrumentes A abgelesen. Anschließend wird die Kraftmeßdose mit einem Eichgewicht P_{1e} belastet. Die durch das Gewicht am Anzeigeinstrument A verursachte Ausschlagänderung ist zu notieren. Nach dieser Teileichung wird der Schalter Sch in die Stellung E_ε umgelegt. Dadurch läßt sich der Wegaufnehmer, der den Verlauf der Längenänderung abtastet, mit dem Hysteresemeßgerät verbinden. Die Amplitude der Längenänderung Δl_1 kann nun ebenfalls in Skalenteilen am Meßgerät A abgelesen werden. Bei laufendem Gerät wird nun, ohne die Stellung des Schalters Sch zu verändern, an der Lochscheibe durch ein Verdrehen der beiden Fotodioden PD_1 und PD_2 eine bestimmte Eichphasenverschiebung φ_{1e} eingestellt, die auf einer entsprechenden Skala abgelesen werden kann. Hiermit läßt sich eine Hysterese der Größe H_e simulieren. Die Fläche einer Hystereseschleife wird durch den Ausdruck

$$H = \pi \cdot \Delta l_1 \cdot P_1 \sin \varphi_1 \tag{9}$$

wiedergegeben. Werden in die Gleichung an Stelle der Werte P_1 und φ_1 die bekannten Eichwerte P_{1e} und φ_{1e} eingesetzt, so ergibt sich die berechenbare Hysterese

$$H_e = \pi \cdot \Delta l_1 \cdot P_{1e} \cdot \sin \varphi_{1e}, \tag{32}$$

mit deren Hilfe die Größe des Schreiberausschlages geeicht werden kann.

5. Vergleich der mit dem neuentwickelten Hysteresemeßgerät und einer fotografischen Methode durchgeführten Hysteresebestimmung

Vor dem Beginn der Versuchsreihen an Polyamid 6-Monofilen von 22,2 dtex (20 den) wurden einige Versuche mit dem Zweck durchgeführt, die vorliegende Methode zur Messung der Hysterese mit einem der bisher üblichen fotografischen Verfahren zu vergleichen. Bei dem fotografischen Verfahren bildet sich die Hystereseschleife auf einem Oszillographenschirm von 10 cm mal 10 cm Größe ab. Die Verstärkungen für die

Elektronenstrahlablenkungen wurden so eingestellt, daß die Hystereseschleife den zur Verfügung stehenden Bildraum so gut wie möglich ausfüllte. Das Oszillographenbild war im Maßstab 1:1 auf Spezial-Fotopapier zu fotografieren. Nach dem Entwickeln mußten die Hystereseschleifen ausgeschnitten und gewogen werden. Zur Eichung der fotografischen Methode wurde ein Rechteck gezeichnet, dessen eine Kantenlänge eine Eichkraft und dessen andere Kantenlänge eine geeichte Längenänderung darstellte. Auf diese Weise entsprach die Fläche bzw. das Gewicht des Rechtecks einer durch die Eichung festgelegten Arbeit. Die Hysterese der für den Vergleich verwendeten Versuchsmaterialien ist in der Abb. 11 jeweils in Abhängigkeit von der Prüfzeit dargestellt. Die von den Kreuzen dargestellten Meßpunkte sind aus dem Prüfdiagramm des neuentwickelten elektronischen Meßgerätes entnommen, während die als Kreise wiedergegebenen Meßpunkte nach dem fotografischen Verfahren ermittelt wurden. Durch

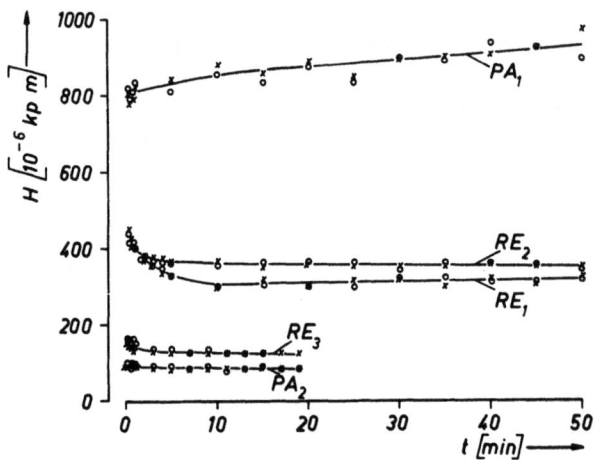

Abb. 11 Hysterese H in Abhängigkeit von der Prüfzeit t
  × elektronisch ermittelt
  ○ Hystereseschleifen fotografiert, Flächeninhalte durch Ausschneiden und Wiegen ermittelt
Geprüfte Materialien und Prüfdaten:
PA_1 Polyamid 6-Borste 1420 dtex
   Einspannlänge $l_0 = 100$ mm
   Vordehnung $\varepsilon_{v\,\text{Gerät}} = 10\%$
   Amplitude der Längenänderung $\Delta l_1 = 2{,}5$ mm
PA_2 Polyamid 6-Borste 320 dtex
   $l_0 = 500$ mm
   $\varepsilon_{v\,\text{Gerät}} = 4\%$
   $\Delta l_1 = 2{,}5$ mm
RE_1 Reifenkord 3650 dtex f 700 Z 100 × 2 S 200
   $l_0 = 700$ mm
   $\varepsilon_{v\,\text{Gerät}} = 4\%$
   $\Delta l_1 = 2{,}5$ mm
RE_2 Reifenkord 3650 dtex f 700 Z 600 × 2 S 600
   $l_0 = 500$ mm
   $\varepsilon_{v\,\text{Gerät}} = 4\%$
   $\Delta l_1 = 2{,}5$ mm
RE_3 2 Reyon-Multifile zu je 778 dtex f 1650
   $l_0 = 500$ mm
   $\varepsilon_{v\,\text{Gerät}} = 1{,}5\%$
   $\Delta l_1 = 2{,}8$ mm

eine Überschlagsrechnung soll gezeigt werden, in welcher Größenordnung die Fehler liegen, die bei der fotografischen Methode zu erwarten sind. Der Hauptfehler entsteht beim Ausschneiden. Die übrigen durch Verzerrungen auf dem Oszillographenschirm, durch Verzerrungen bei der Fotografie, durch Wiegeungenauigkeit und durch Papiergewichtsschwankungen entstehenden Fehler dürften gegenüber dem Ausschneidefehler vernachlässigbar sein. Bei einer angenommenen durchschnittlichen Breite der Hystereseschleife von 1,5 mm, wie sie größenordnungsmäßig bei den untersuchten Hystereseschleifen und dem gewählten Abbildungsmaßstab vorkommt, entsteht durch eine Verlegung der Schnittlinie auf einer Seite um nur 0,2 mm eine Veränderung der Flächengröße um etwa 13%. Ist die Schnittlinie auf der anderen Seite um den gleichen Betrag verschoben, so beträgt die Veränderung der Fläche bereits 26%. An Hand dieser groben Überschlagsrechnung wird deutlich, daß an die alte fotografische Methode keine großen Genauigkeitsforderungen gestellt werden dürfen.

Die Vergleichsuntersuchungen zwischen den beiden Methoden wurden lediglich zu dem Zweck durchgeführt, festzustellen, ob sich wenigstens näherungsweise die gleichen Werte für die Hysterese ergeben. Unter diesem Blickwinkel sind die bei den entsprechenden Testversuchen erhaltenen Übereinstimmungen als gut zu bezeichnen.

6. Versuchsbedingungen zur Hysteresemessung von Polyamid 6-Monofilen

Im Anschluß an die Funktionsprüfungen des fertig aufgebauten Gerätes und die durchgeführten Vergleichsmessungen mit der fotografischen Methode erfolgten Reihenuntersuchungen an Polyamid 6-Monofilen. Dabei wurde das Programm so angelegt, daß die Versuchsbedingungen in einem möglichst weiten Bereich systematisch verändert werden konnten. An Hand der zahlreichen Versuche entstanden Unterlagen, die einen guten Überblick über das Dauerschwingverhalten von Polyamid 6, besonders bezüglich der Dämpfung und des dehnungsbezogenen Spannungsanstieges ermöglichen.

Tab. 1 Versuchsparameter der Dauerschwingversuche an Polyamid 6-Monofilen

T [°C]	t_{Ofen} [s]	$\sigma_{vOfen} \left[\dfrac{p}{dtex}\right]$	f [Hz]	$\varepsilon_{vGerät}$ [%]
— 60 20 100 140 190	60 600	0,0135 0,225	9 20 60	7 10 15

T Vorbehandlungstemperatur
t_{Ofen} Vorbehandlungszeit
σ_{vOfen} Vorspannung während der Vorbehandlung
f Prüffrequenz
$\varepsilon_{vGerät}$ Vordehnung während der Prüfung

Als Versuchsmaterial diente ein Polyamid 6-Monofil mit einem Titer von 22,2 dtex (20 den). Die bei den Vorbehandlungen und bei den Dauerschwingversuchen veränderlichen Parameter sind in der Tab. 1 aufgeführt. In der Versuchsserie wurde jeder dieser Parameter mit jedem anderen Parameter kombiniert. Auf diese Weise entstanden 180 Kombinationen, von denen jede in 5 Einzelmessungen durchgeprüft wurde.

Die Vorbehandlung geschah für alle Proben in der gleichen Weise. Es wurden jeweils 5 Proben mit Gewichten von 0,0135 p/dtex bzw. 0,225 p/dtex belastet und für eine Zeit von 60 s bzw. 600 s in einen Vorbehandlungsraum gehängt. Bei dem Vorbehandlungsraum handelt es sich je nach der erforderlichen Temperatur um eine Tieftemperaturkammer oder um das Prüflabor mit Normalklima oder um einen Trockenofen. Nach der Vorbehandlungszeit wurden die Proben 36 Stunden lang im Normalklima (20°C, 65% rel. Luftfeuchtigkeit) ausgelegt. Dabei stellte es sich heraus, daß sich die Eigenschaften der Proben schon nach wenigen Stunden nicht mehr wesentlich ändern.

Die Dauerschwingprüfung wurde aus praktischen Gründen stets an Doppelfäden vorgenommen. Die Einspannlänge betrug 100 mm. Nach dem Aufbringen der Vordehnung von 7%, 10% bzw. 15% begann die Wechseldehnung, deren Hub bei allen Versuchen auf 3 mm $\triangleq$ 3% eingestellt war. Ausgangspunkt der Wechseldehnung war der obere Umkehrpunkt, so daß beispielsweise bei einer Vordehnung von 7% die obere Dehnungsgrenze bei 7% und die untere Dehnungsgrenze bei 4% lag.

Jede einzelne Prüfung dauerte 20 Minuten. Dies entspricht bei den einzelnen Meßfrequenzen 9 Hz, 20 Hz und 60 Hz Lastwechselanzahlen von etwa 10 800, 24 000 und 72 000.

7. Versuchsauswertung

An das Hysteresemeßgerät waren drei Schreiber angeschlossen. Mit dem ersten Schreiber wurde die Größe der Hysterese kontinuierlich aufgezeichnet. Die beiden anderen Schreiber registrieren die obere bzw. die untere Kraftgrenze. Aus der Hysterese und aus den beiden Kraftgrenzen können unter anderem die Dämpfung und der dehnungsbezogene Spannungsanstieg ermittelt werden.

Für die Auswertung der Meßergebnisse war zunächst zu klären, ob die Hysterese als absolute oder bezogene Größe dargestellt werden sollte. Als Bezugsgrößen kämen der Faserquerschnitt, der Titer oder die Belastungs- bzw. Entlastungsarbeit in Frage. Um mit unterschiedlichen Einflußgrößen behaftete Prozesse oder Versuche miteinander vergleichen zu können, ist im allgemeinen eine Relativierung der Meßgrößen notwendig. Der Elastizitätsmodul ist – unabhängig von der genauen Definition – eine bezogene Größe: Eine Kraftdifferenz wird auf eine Dehnungsdifferenz und auf den jeweiligen Fadenquerschnitt bezogen. Auf dieselben Größen könnte auch die Hysterese bezogen werden. Hierbei fehlt jedoch die Berücksichtigung der an der Probe angreifenden Kraft. Dieser Nachteil läßt sich umgehen, wenn die mittlere elastische Verformungsarbeit als Bezugsgröße dient. Als mittlere elastische Verformungsarbeit – des weiteren kurz elastische Arbeit genannt – soll die Arbeit definiert werden, die im Kraft-Längenänderungsdiagramm durch das Trapez unter der Verbindungsgeraden zwischen der oberen und der unteren Kraftgrenze dargestellt wird. Sie bildet näherungsweise den Mittelwert der Belastungs- und der Entlastungsarbeit. Die auf die elastische Arbeit bezogene Hysterese wird als Dämpfung

$$D = \frac{H}{\frac{P_{\max} + P_{\min}}{2} \cdot (l_{\max} - l_{\min})} \cdot 100 \, [\%] \tag{33}$$

bezeichnet. Die Dämpfung ließe sich als Wirkungsgrad auffassen. Sie ist der prozentuale Anteil der Verlustarbeit (Hysterese) an der gesamten aufzuwendenden Verformungsarbeit. Mit Hilfe der Dämpfung lassen sich Materialien unterschiedlicher geometrischer Abmessungen unter verschiedenen Prüfbedingungen bezüglich der Hystereseeigenschaften miteinander vergleichen. Nachteilig ist es hinsichtlich der bezogenen Größen jedoch, daß im allgemeinen die Interpretation der bei der Prüfung wie auch bei der Vorbehandlung ablaufenden physikalischen Vorgänge schwieriger wird, weil in die bezogene Größe mehrere Einflußfaktoren eingehen und diese durch die Verknüpfung miteinander verdeckt werden. Daher werden, so weit es notwendig ist, in die Diskussion der Versuchsergebnisse neben den bezogenen Größen auch die Ursprungswerte einbezogen.

Bei einem Vergleich der Dämpfung wie auch des dehnungsbezogenen Spannungsanstieges von Fasern und Fäden, die mit verschiedenen Frequenzen geprüft werden, entsteht die Frage, ob die Meßergebnisse auf gleiche Lastspielanzahlen oder auf gleiche Meßzeiten zu beziehen sind. Während der Prüfung wird der vorangegangenen statischen Vordehnung eine Wechseldehnung überlagert. Der zu einem bestimmten Zeitpunkt vorliegende Zustand der Probe hängt also nicht allein von der bis dahin aufgebrachten Lastspielanzahl, sondern auch von der Vordehnungszeit ab. Da die Zeit gegenüber der Lastspielanzahl als die universellere Größe anzusehen ist, wurde hier ebenso wie in der Abhandlung [22] die Zeit als Vergleichsbasis gewählt.

7.1. Der dehnungsbezogene Spannungsanstieg

In den Abb. 12–29 ist der dehnungsbezogene Spannungsanstieg $E^* \left[\frac{\text{kp}}{\text{mm}^2} \right]$ in Abhängigkeit von der Vorbehandlungstemperatur $T \, [°C]$ und von der Prüfzeit $t \, [s]$ graphisch dargestellt. Die zu den einzelnen Versuchen gehörenden Parameter sind in den Abb. 12–29 vermerkt. Die Vorbehandlungszeiten betrugen 60 s und 600 s. Zwischen den beiden mit zwei unterschiedlichen Vorbehandlungszeiten durchgeführten Versuchsreihen besteht hinsichtlich des dehnungsbezogenen Spannungsanstiegs kein statistisch gesicherter Unterschied, so daß es genügt, hier nur die Kurven für eine Vorbehandlungszeit von 600 s wiederzugeben.

In den Abb. 30–32 ist der dehnungsbezogene Spannungsanstieg in Abhängigkeit von der Vorbehandlungstemperatur graphisch dargestellt. In den räumlichen Darstellungen (Abb. 12–29) entsprechen diese Kurven jeweils den für die längste Prüfzeit (1200 s = 20 min) eingetragenen Kennlinien.

Die Meßergebnisse bestätigen in verschiedener Hinsicht die von WEGENER [8] und EGBERS [8] für Polyamid 6-Monofile gefundenen Eigenschaften. Besonders stark hängt das Materialverhalten von dem während der Vorbehandlung auf die Probe einwirkenden Vorspanngewicht ab. Nach der mit einem hohen Vorspanngewicht durchgeführten Temperaturbehandlung ändert sich der dehnungsbezogene Spannungsanstieg in Abhängigkeit von der Vorbehandlungstemperatur nur unwesentlich, während er nach einer bei niedrigem Vorspanngewicht vorgenommenen Temperaturbehandlung mit zunehmender Vorbehandlungstemperatur stark abnimmt. Zur Erklärung dieses Materialverhaltens sei auf den Abschnitt 7.2 verwiesen, in welchem ein Strukturmodell des Polyamid-6 dargestellt ist. Als weiterer Einflußfaktor auf den dehnungsbezogenen

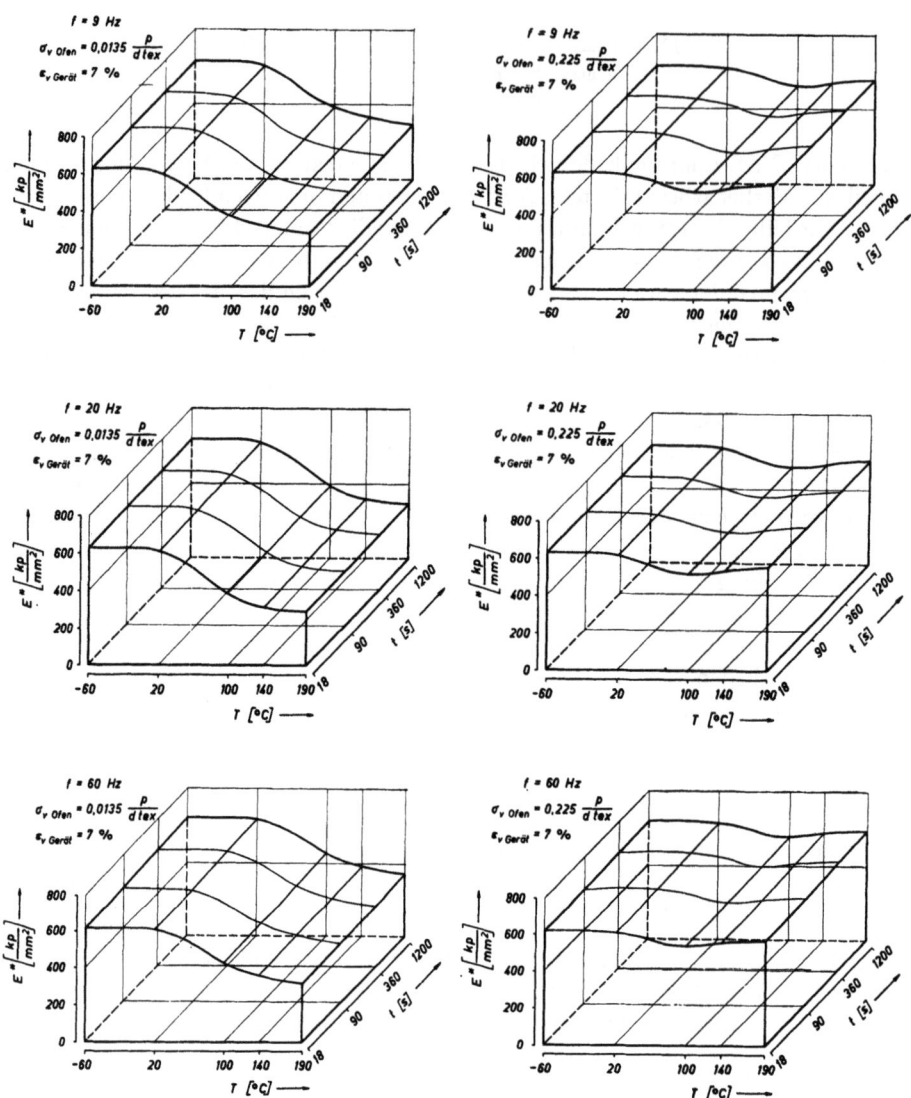

Abb. 12–17   Zeichenerklärung siehe Abb. 24–29

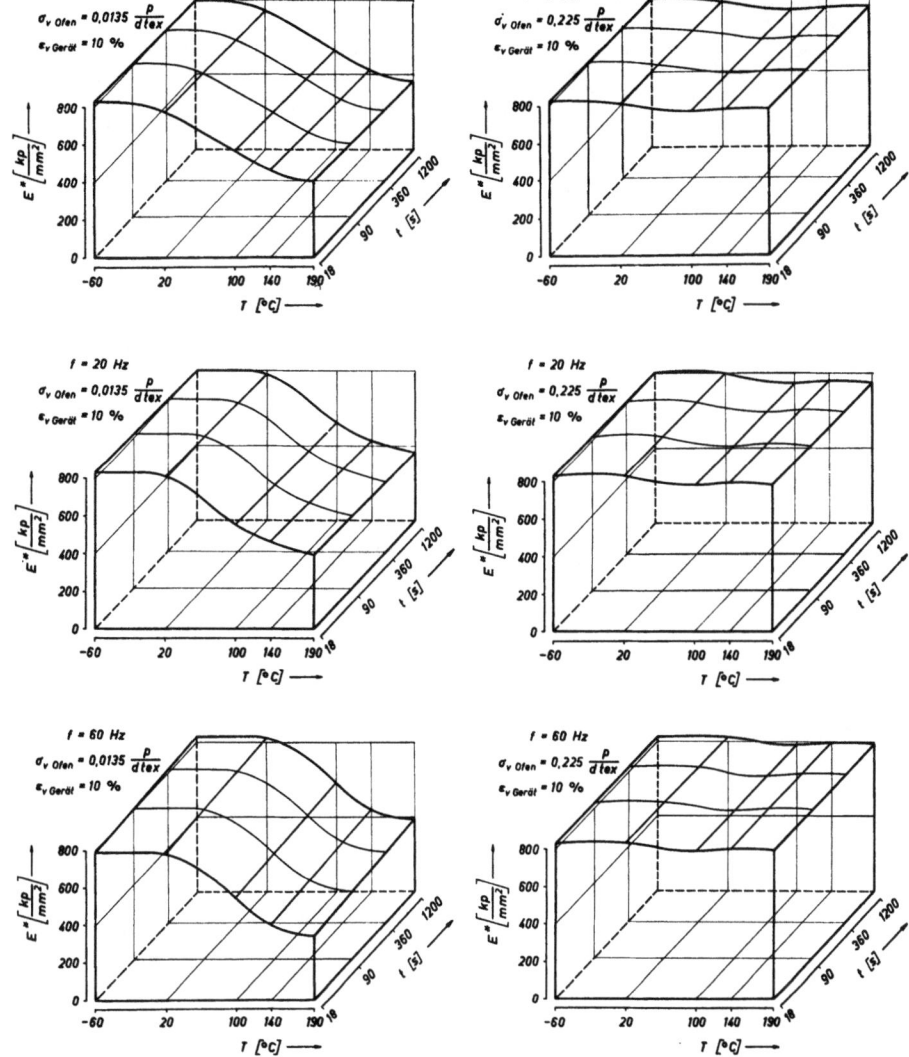

Abb. 18–23   Zeichenerklärung siehe Abb. 24–29

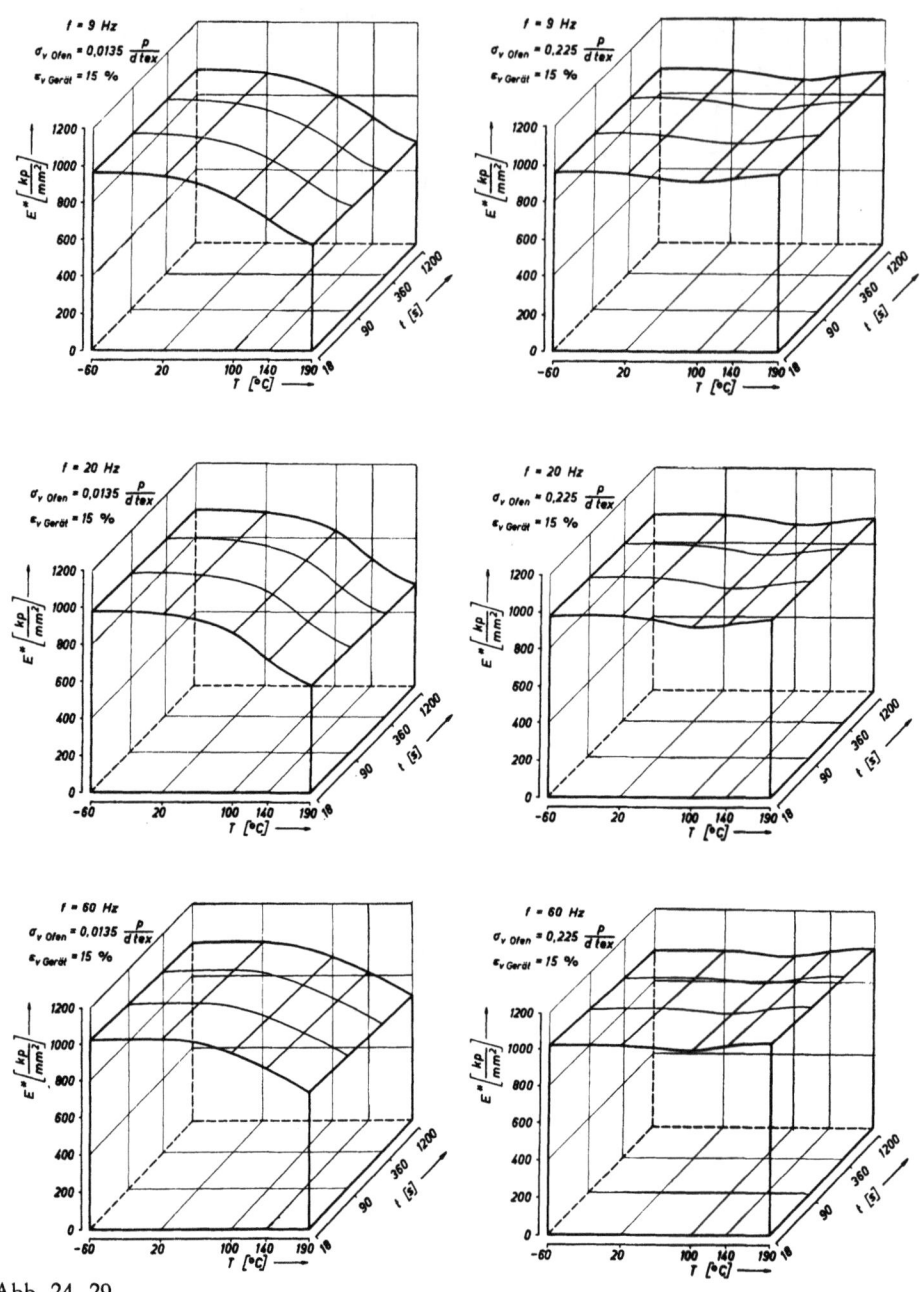

Abb. 24–29

Abb. 12–29 Dehnungsbezogener Spannungsanstieg E^* in Abhängigkeit von der Vorbehandlungstemperatur T und der Prüfzeit t
f Prüffrequenz
$\varepsilon_{v\,\text{Gerät}}$ Vordehnung bei der Prüfung
$\sigma_{v\,\text{Ofen}}$ Vorspannung während der Vorbehandlung
Vorbehandlungszeit $t_{\text{Ofen}} = 600$ s

Spannungsanstieg wurde die während der Dauerschwingprüfung bestehende Vordehnung $\varepsilon_{v\,\text{Gerät}}$ untersucht. Es stellte sich heraus, daß bei Vordehnungen zwischen 7% und 15% der dehnungsbezogene Spannungsanstieg E^* kontinuierlich zunimmt. WEGENER [8] und EGBERS [8] fanden die gleiche Tendenz für den momentanen Elastizitätsmodul. Ebenso stimmen hinsichtlich ihres Frequenzverhaltens der momentane Elastizitätsmodul und der dehnungsbezogene Spannungsanstieg miteinander überein. Beide Größen nehmen bei einer Erhöhung der Frequenz geringfügig zu. Dies ist darauf zurückzuführen, daß sich mit steigender Frequenz eine Relaxation des Materials weniger stark auswirken kann.

Aus den räumlichen Darstellungen der Abb. 12–29 läßt sich der Einfluß der Prüfzeit auf den dehnungsbezogenen Spannungsanstieg ersehen. Der für die Messung des dehnungsbezogenen Spannungsanstieges verwendete Zeitbereich der Dauerschwingprüfung lag vom Versuchsbeginn aus gerechnet zwischen 18 s und 1200 s. Innerhalb dieses Bereiches ist der dehnungsbezogene Spannungsanstieg von der Prüfzeit unabhängig. Dieser Befund bestätigt ebenfalls die von WEGENER [8] und EGBERS [8] erhaltenen Meßergebnisse. Beide Autoren stellten bei der Dauerschwingprüfung von Polyamid 6-Monofilen nach höheren Lastspielanzahlen (20. bis 30. Lastspiel) keine wesentlichen Veränderungen der Momentaner-Elastizitätsmodul-Dehnungs-Kurven mehr fest. Vielmehr geschieht die hauptsächliche Beeinflussung des momentanen Elastizitätsmoduls während der ersten fünf Lastspiele.

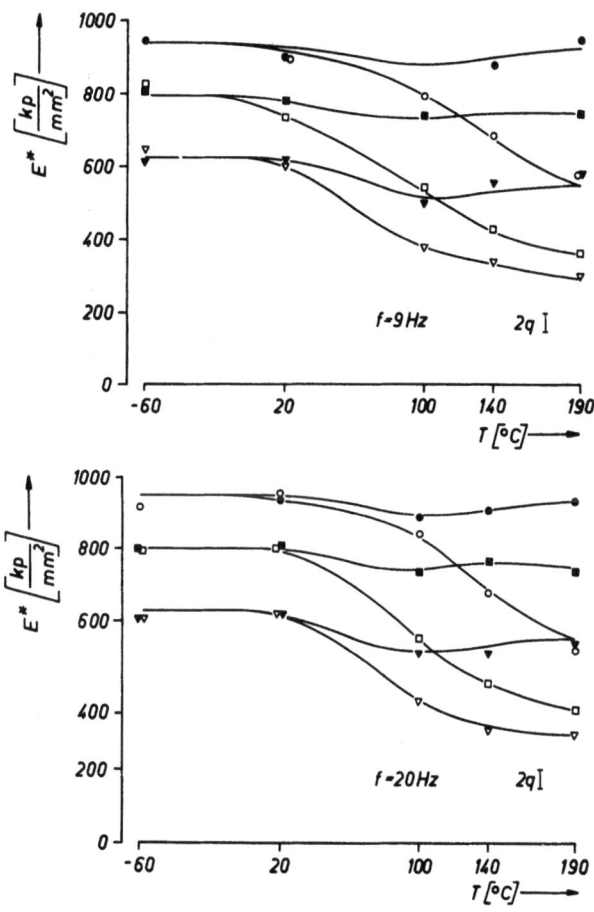

Abb. 30–31 Zeichenerklärung siehe Abb. 32

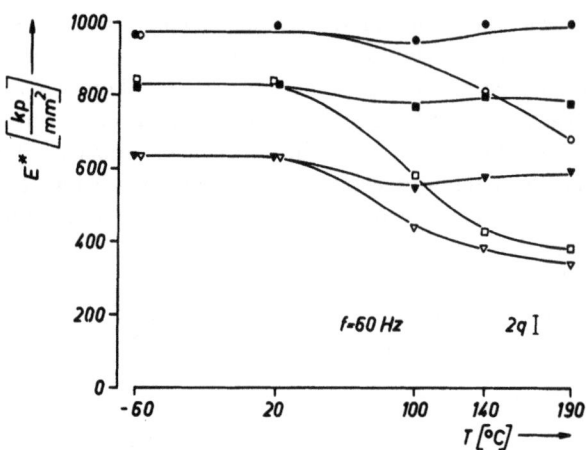

Abb. 32

Abb. 30–32 Dehnungsbezogener Spannungsanstieg E^* in Abhängigkeit von der Vorbehandlungstemperatur T nach einer Prüfzeit $t = 20$ min
Vorbehandlungszeit $t_\text{Ofen} = 600$ s
Zeichenerklärung für die Abb. 30–38

▼ $\varepsilon_{v\,\text{Gerät}} = 7\%$ ⎫
■ $\varepsilon_{v\,\text{Gerät}} = 10\%$ ⎬ $\sigma_{v\,\text{Ofen}} = 0{,}225\,\dfrac{p}{\text{dtex}}$
● $\varepsilon_{v\,\text{Gerät}} = 15\%$ ⎭

▽ $\varepsilon_{v\,\text{Gerät}} = 7\%$ ⎫
□ $\varepsilon_{v\,\text{Gerät}} = 10\%$ ⎬ $\sigma_{v\,\text{Ofen}} = 0{,}0135\,\dfrac{p}{\text{dtex}}$
○ $\varepsilon_{v\,\text{Gerät}} = 15\%$ ⎭

f Prüffrequenz
$\varepsilon_{v\,\text{Gerät}}$ Vordehnung bei der Prüfung
$\sigma_{v\,\text{Ofen}}$ Vorspannung während der Vorbehandlung
$2\,q$ Vertrauensbereich

Der dehnungsbezogene Spannungsanstieg ist als Differenzenquotient und der momentane Elastizitätsmodul als Differentialquotient der Spannungs-Dehnungs-Kurve definiert. Im Grenzfall, d. h. bei einer unendlich kleinen Amplitude der Wechseldehnung, geht der Differenzenquotient in den Differentialquotienten über. Daher werden sich in ihrem Verhalten der momentane Elastizitätsmodul und der dehnungsbezogene Spannungsanstieg desto mehr ähneln, je geringer die Amplitude der Wechseldehnung ist.

7.2. Die Dämpfung

Nachdem bereits im Abschnitt 7.1 die Versuchsbedingungen zur Messung der Dämpfung besprochen wurden, sollen nunmehr die Meßergebnisse an Hand der Abb. 33–38 und der räumlichen Darstellungen (Abb. 39–56) erläutert werden. Da es sich bei der Dämpfung um eine bezogene Größe handelt, ist eine direkte Interpretation des Dämpfungsverlaufs relativ schwierig.
Deswegen wurden an Hand einiger Beispiele die Hysterese und die bei der Wechseldehnung aufzuwendende elastische Arbeit getrennt voneinander berechnet. Die elastische Arbeit läßt sich als der von den molekularen Bindungen aufgenommene Anteil der aufgewendeten Verformungsenergie deuten, während die Hysterese als der Energieanteil anzusehen ist, der durch das Verschieben, d. h. durch das Lösen und Neubilden von

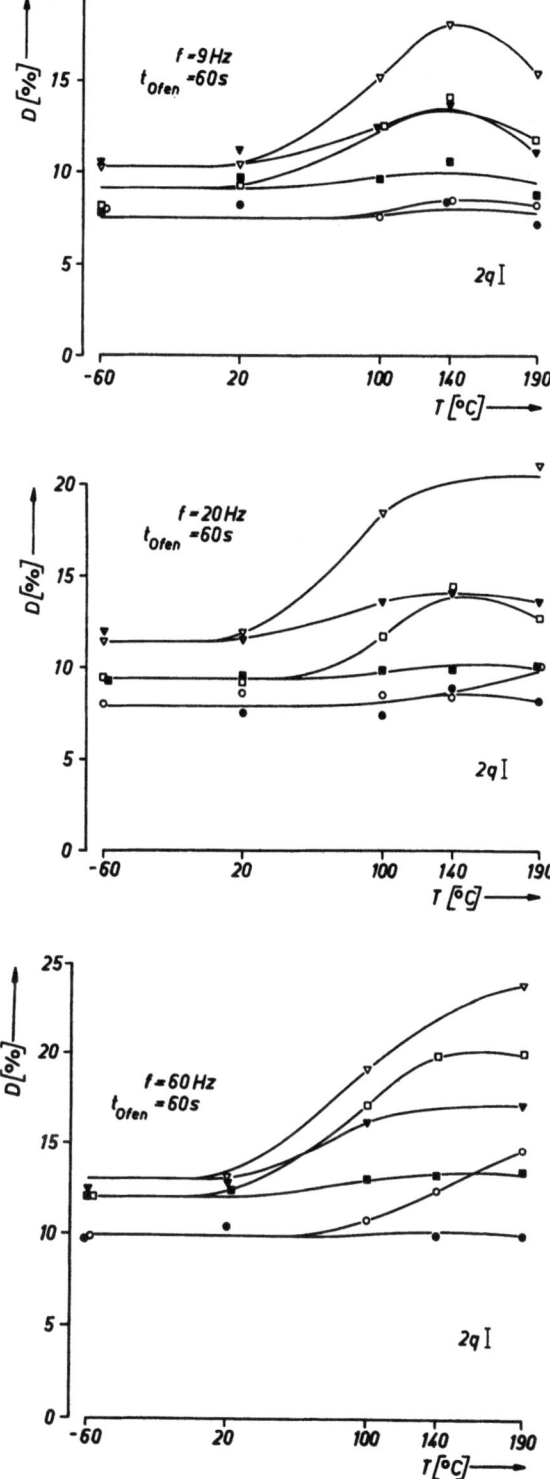

Abb. 33-35 Dämpfung D in Abhängigkeit von der Vorbehandlungstemperatur T nach einer Prüfzeit $t = 20$ min
Zeichenerklärung siehe Abb. 32

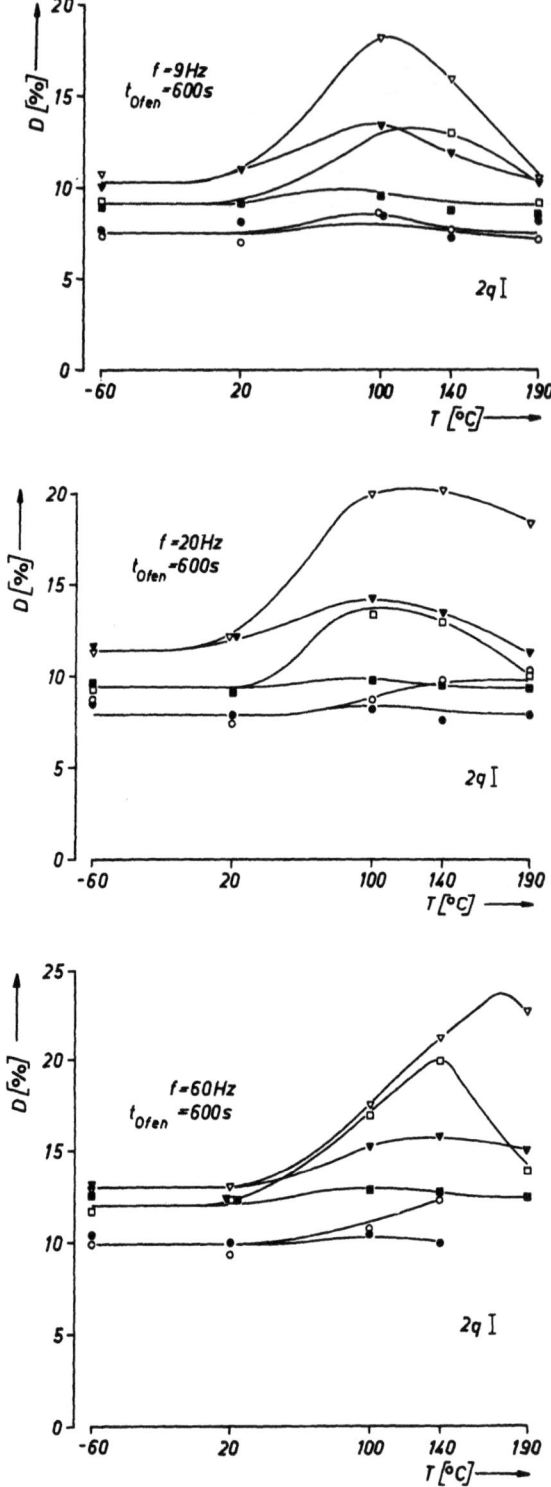

Abb. 36–38 Dämpfung D in Abhängigkeit von der Vorbehandlungstemperatur T nach einer Prüfzeit $t = 20$ min
Zeichenerklärung siehe Abb. 32

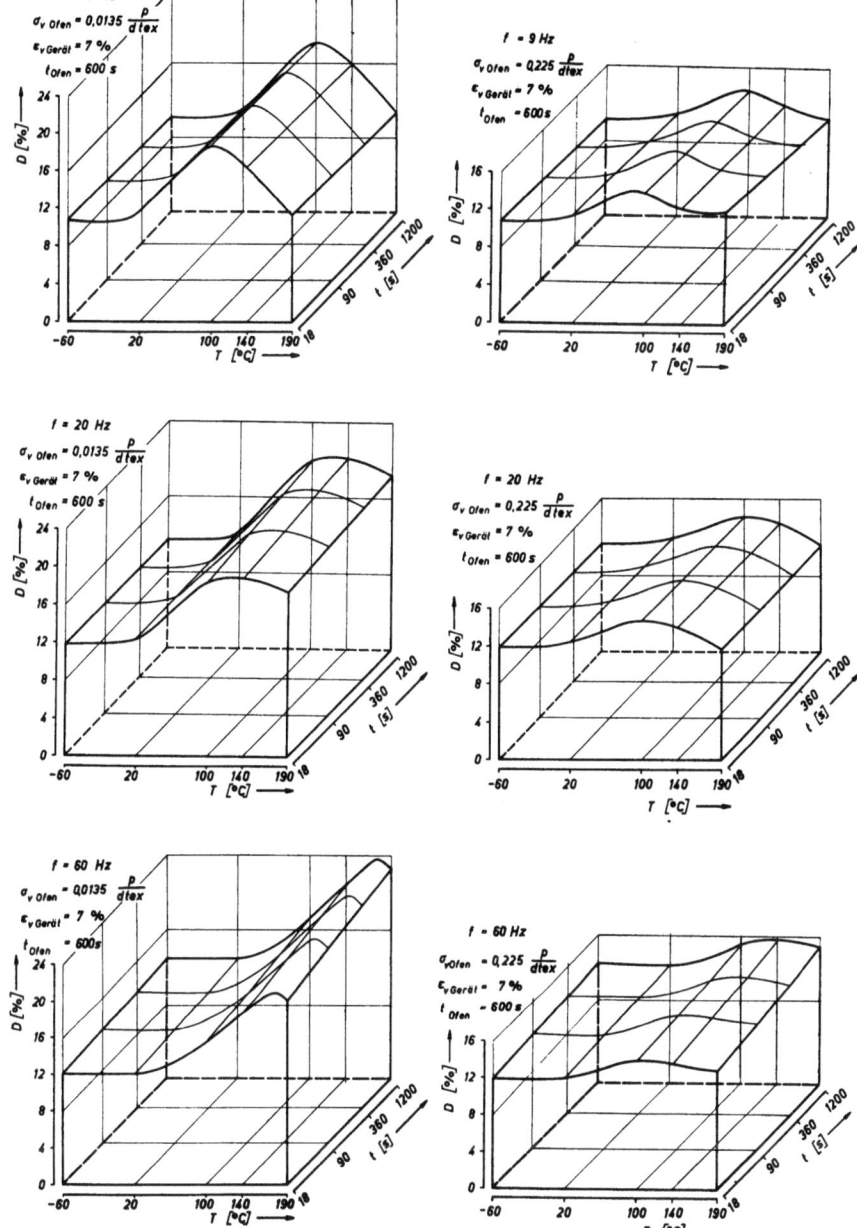

Abb. 39–44 Zeichenerklärung siehe Abb. 51–56

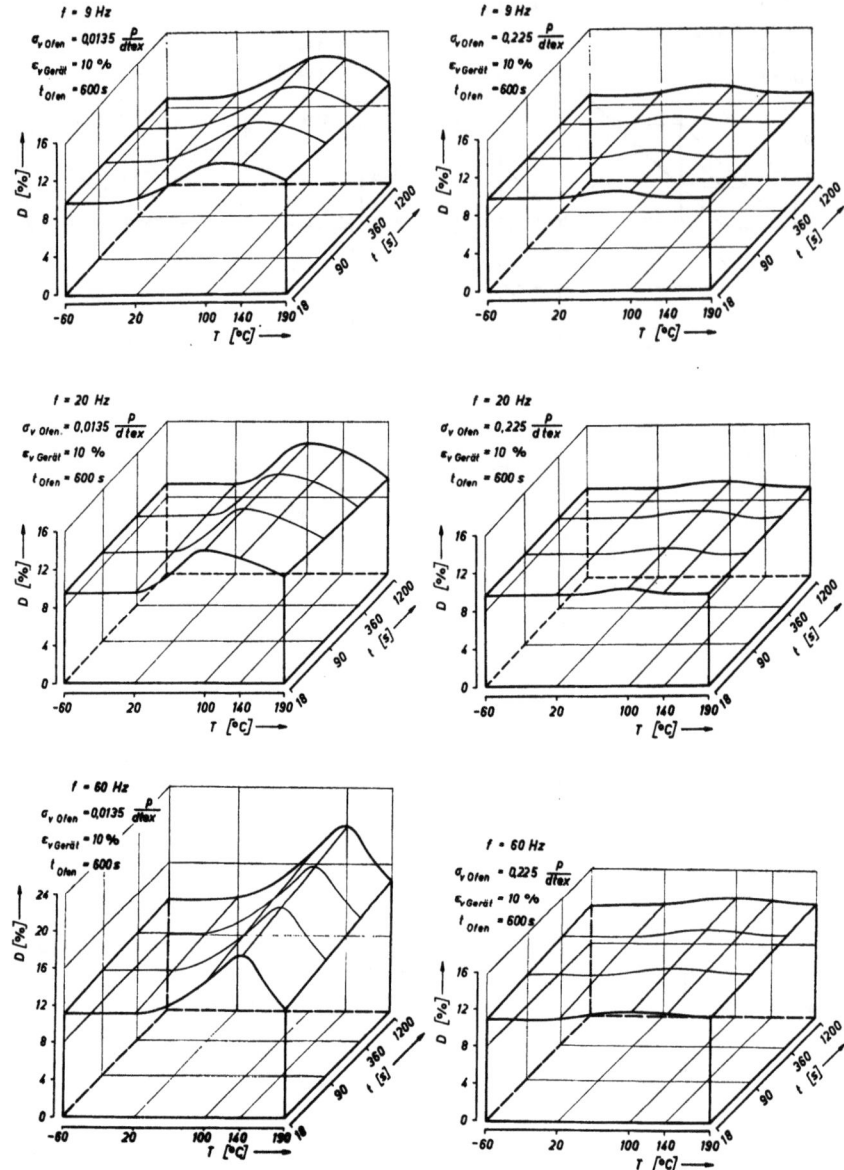

Abb. 45–50 Zeichenerklärung siehe Abb. 51–56

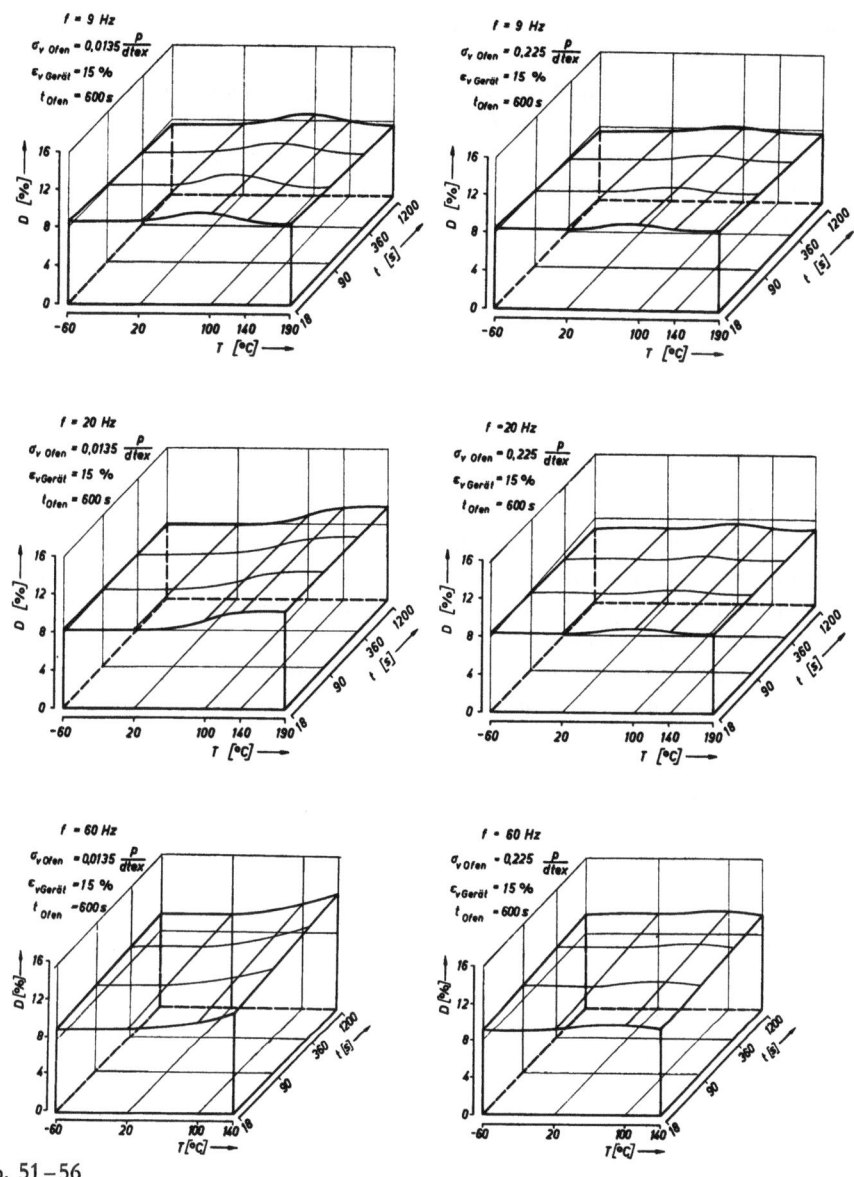

Abb. 51–56

Abb. 39–56 Dämpfung D in Abhängigkeit von der Vorbehandlungstemperatur T und von der Prüfzeit t

f Prüffrequenz
$\varepsilon_{v\,\text{Gerät}}$ Vordehnung bei der Prüfung
$\sigma_{v\,\text{Ofen}}$ Vorspannung während der Vorbehandlung
t_{Ofen} Vorbehandlungszeit

nebenvalenzartigen Bindungen zum größten Teil in Bewegungsenergie der Moleküle, d. h. in Wärmeenergie übergeht.

In der Abb. 57 sind jeweils in Abhängigkeit von der Vorbehandlungstemperatur T die elastische Arbeit A, die Hysterese H und die Dämpfung D als bezogene Größen graphisch dargestellt. Den Bezug bilden die für eine Vorbehandlungstemperatur von 20 °C ermittelten Größen der elastischen Arbeit A_{20}, der Hysterese H_{20} und der Dämpfung D_{20}. Die dargestellten Ergebnisse beziehen sich auf vier Versuchsreihen. Dabei erfolgte die Temperaturvorbehandlung mit einer hohen und mit einer niedrigen Vorspannung, während die sich anschließenden Dauerschwingprüfungen mit einer hohen und mit einer niedrigen Vordehnung durchgeführt wurden.

Zur Deutung der Kurven (Abb. 57) wird ein Strukturmodell des Polyamid 6 verwendet, welches schon WEGENER [8] und EGBERS [8] bei der Besprechung der an Polyamid 6 vorgenommenen Dauerschwingversuche benutzten. Bekanntlich liegt nach dem Schmelzspinnen der Polyamid 6-Fäden in deren kristallinen Bereichen die hexagonale γ-Modifikation vor. Nach etwa 20 Minuten wird die Kaltverstreckung durchgeführt. Sie entspricht einer modifizierten Warmverstreckung, da sich im Inneren des Fadens Temperaturen einstellen, die im Erweichungsbereich des Polymers liegen. Daher kann eine Wärmezufuhr, wie sie beispielsweise bei der Verstreckung von Polyacrylnitril- und Polyesterfasern notwendig ist, unterbleiben. Durch die Verstreckung des Polyamid 6-Fadens ergeben sich je nach der Höhe des Verstreckungsgrades zuerst die monokline β-Modifikation und anschließend die monokline α-Modifikation, welche von den drei Modifikationen die thermodynamisch stabilste Modifikation des Polyamid 6 ist. Nach der Verstreckung kühlt der Faden ab. Beim Unterschreiten der Einfriertemperatur wird der jeweilige Zustand durch die Wasserstoffbrücken fixiert. Die parallel in einer Ebene liegenden, durch Wasserstoffbrücken miteinander verbundenen Kettenmoleküle bilden Roste. Durch das Hintereinanderlagern mehrerer Roste entsteht die Elementarzelle der kristallinen Bereiche. Es bestehen keine festen Grenzen zwischen den kristallinen geordneten und den ungeordneten Bereichen. Bei einer Temperaturvorbehandlung tritt in den ungeordneten Bereichen nach dem Überschreiten der Einfriertemperatur die mikrobrownsche Bewegung auf, wodurch beim Fehlen einer äußeren Kraft die Rückknäuelung der Makromoleküle einsetzt. Wegen der dabei entstehenden relativen Unordnung nimmt die Möglichkeit zur Bildung der Wasserstoffbrücken ab. Wird indes die Temperaturvorbehandlung bei einer genügend hohen Vorspannung vorgenommen, so ist eine Rückknäuelung nicht möglich, und die ungeordneten Bereiche erfahren eine bessere Ordnung und Orientierung, so daß neue kristalline Bereiche entstehen können. Ebenso besteht die Möglichkeit, die bei der Temperaturbehandlung entstandene Rückknäuelung durch eine spätere bei Zimmertemperatur vorgenommene Dehnung des Fadens teilweise wieder herauszunehmen.

Die Kurven der elastischen Arbeit (Abb. 57) bestätigen die Richtigkeit der für das Modell gemachten Annahmen. Herrscht während der Vorbehandlung eine hohe Vorspannung ($\sigma_{vOfen} = 0{,}225$ p/dtex) und während der Prüfung eine hohe Vordehnung ($\varepsilon_{vGerät} = 15\%$) (Abb. 57a), so verhält sich der Faden hinsichtlich der elastischen Arbeit wie ein nicht vorbehandelter Faden. Werden sowohl während der Vorbehandlung die Vorspannung als auch während der Prüfung die Vordehnung niedrig eingestellt ($\sigma_{vGerät} = 0{,}0135$ p/dtex, $\varepsilon_{vGerät} = 7\%$), so ist die Möglichkeit einer Rückknäuelung besonders groß. Die aufnehmbare elastische Arbeit nimmt daher bei höheren Vorbehandlungstemperaturen stark ab (Abb. 57d). Für eine Vorbehandlungstemperatur von über 100 °C bildet die Kurve der elastischen Arbeit ein Niveau. Die Höhe des Niveaus hängt von der Vorspannung σ_{vOfen} und von der Vordehnung $\varepsilon_{vGerät}$ ab. Oberhalb der Einfriertemperatur nimmt die Molekülbeweglichkeit sprunghaft zu und be-

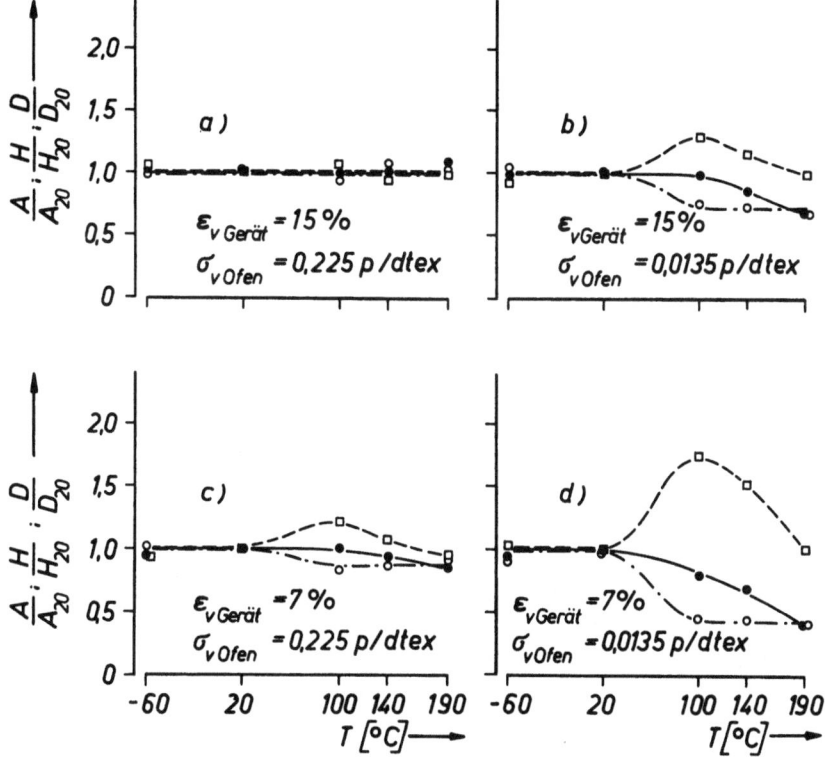

Abb. 57 Die elastische Arbeit A, die Hysterese H und die Dämpfung D, jeweils auf ihre Größen A_{20}, H_{20} und D_{20} bei einer Vorbehandlungstemperatur von 20°C bezogen, in Abhängigkeit von der Vorbehandlungstemperatur
Prüffrequenz $f = 9$ Hz
Vorbehandlungszeit $t_{Ofen} = 600$ s
Vordehnung bei der Prüfung $\varepsilon_{v\,Gerät} = 7\%$ bzw. $\varepsilon_{v\,Gerät} = 15\%$
Vorspannung während der Vorbehandlung $\sigma_{v\,Ofen} = 0{,}225$ p/dtex bzw. $\sigma_{v\,Ofen} = 0{,}0135$ p/dtex

□- - - -□ $\dfrac{D}{D_{20}}$

●———● $\dfrac{H}{H_{20}}$

○— - —○ $\dfrac{A}{A_{20}}$

wirkt, daß die Makromoleküle im wesentlichen den von einer äußeren Zugspannung zugelassenen Knäuelungszustand einnehmen. Dabei wird unterstellt, daß der vor der thermomechanischen Behandlung vorhandene Ordnungs- und Orientierungszustand des hochpolymeren Körpers eine Rolle spielt.
Ebenso wie die elastische Arbeit gibt die Größe der Hysterese Aufschluß über den Ordnungs- und Orientierungszustand der Kettenmoleküle. Wie es bereits erwähnt wurde, nimmt die Möglichkeit zur Bildung von Wasserstoffbrücken mit steigendem Ordnungszustand der Kettenmoleküle zu. Da sich die Wasserstoffbrücken andererseits leicht lösen und wieder neu bilden, ist anzunehmen, daß sie den Hauptanteil der Verlust-

arbeit, also der Hysterese bewirken. Demnach ist die Anzahl der vorhandenen Wasserstoffbrücken eng mit der Größe der Hysterese verknüpft.

Der Quotient aus der Hysterese und der elastischen Arbeit ist die Dämpfung. Daher ist das Verhalten der Dämpfung bereits mit den Ausführungen über die elastische Arbeit und die Hysterese erklärt.

Der dehnungsbezogene Spannungsanstieg (Abb. 12–32) hat bei den einzelnen Parametern in Abhängigkeit von der Vorbehandlungstemperatur einen ähnlichen Verlauf wie die elastische Arbeit. Jedoch ist oberhalb von 100 °C die Niveaubildung nicht so ausgeprägt. Sinngemäß lassen sich die oben beschriebenen Interpretationen bezüglich einer thermomechanischen Behandlung nicht nur auf die elastische Arbeit, sondern auch auf den dehnungsbezogenen Spannungsanstieg anwenden.

Wie es aus der Tab. 1 zu entnehmen ist, wurde neben den bisher genannten Parametern die Vorbehandlungsdauer mit in die Messungen einbezogen. Im Abschnitt 7.1 ist bereits darauf hingewiesen, daß eine Erhöhung der Vorbehandlungszeit von 60 s auf 600 s den dehnungsbezogenen Spannungsanstieg nicht beeinflußt. Demgegenüber ist der Einfluß einer in den angegebenen Grenzen durchgeführten Änderung der Vorbehandlungszeit auf die Dämpfung relativ ausgeprägt. Aus den Abb. 33–35 einerseits und aus den Abb. 36–38 andererseits ist es zu entnehmen, daß für eine längere Vorbehandlungszeit die Maxima der Dämpfung bei einer niedrigeren Vorbehandlungstemperatur auftreten. Offensichtlich wirkt sich eine längere Vorbehandlungszeit auf die Dämpfung in ähnlicher Weise wie eine höhere Vorbehandlungstemperatur aus. Der Einfluß der Prüfzeit t auf die Dämpfung D ist für eine Vorbehandlungszeit von 600 s aus den räumlichen Darstellungen der Abb. 39–56 zu ersehen. Auf eine entsprechende Darstellung für eine Vorbehandlungszeit von 60 s wurde verzichtet, weil im Zeitverhalten der Dämpfung zwischen den beiden Vorbehandlungszeiten kein Unterschied besteht und weil die Abhängigkeit der Dämpfung von der Vorbehandlungstemperatur auch in den Abb. 33–38 abgelesen werden kann.

Bei einer Prüffrequenz von 9 Hz (Abb. 39, 40, 45, 46, 51 und 52) nimmt die Dämpfung in Abhängigkeit von der Zeit etwas ab, bei einer Prüffrequenz von 20 Hz (Abb. 41, 42, 47, 48, 53 und 54) bleibt sie relativ konstant, und bei einer Prüffrequenz von 60 Hz (Abb. 43, 44, 49, 50, 55 und 56) nimmt sie in Abhängigkeit von der Zeit geringfügig zu. Dieses Verhalten deutet darauf hin, daß die zeitabhängige Dämpfung ein sehr flaches Minimum durchläuft, das wegen der unvermeidbaren Meßunsicherheit (Vertrauensbereiche siehe Abb. 33–38) nicht zu erkennen ist.

8. Zusammenfassung

Die Gebrauchseigenschaften der Textilien lassen sich unter anderem an Hand der Ergebnisse von Dauerschwinguntersuchungen beurteilen. Die dafür verwendeten Meßgrößen sind beispielsweise die dehnungsabhängige Kraft, der momentane Elastizitätsmodul, der dehnungsbezogene Spannungsanstieg und die Hysterese. Die Hysterese kennzeichnet die Verlustarbeit, die bei der Dauerschwingprüfung in der Probe zu einem kleineren Teil für inner- und zwischenmolekulare Umsetzungen verbraucht und zu einem größeren Teil in Wärme umgewandelt wird. Im Kraft-Längenänderungsdiagramm wird die Hysterese durch eine Schleife dargestellt, deren Flächeninhalt ein Maß für die Größe der Hysterese ist.

Bisher war es üblich, die bei hohen Prüffrequenzen auftretenden Hystereseschleifen auf einen Oszillographenschirm aufzuzeichnen und zu fotografieren. Danach mußte die fotografisch aufgenommene Hystereseschleife ausplanimetriert oder ausgeschnitten und gewogen werden.

Da diese Verfahren sehr zeitraubend sind, wurde von den Verfassern ein Gerät zur direkten kontinuierlichen Messung der an Textilien während eines Dauerschwingversuches auftretenden Hysterese entwickelt, so daß es nunmehr möglich ist, die Meßwerte laufend zeitabhängig zu erfassen, und die sonst notwendige umständliche Auswertung entfällt. In der vorliegenden Abhandlung werden die zu der Entwicklung notwendigen mathematischen Grundlagen für ein zur Hysteresemessung verwendbares exaktes Verfahren und für ein vereinfachtes Näherungsverfahren besprochen. Anschließend wird das nach dem Prinzip des Näherungsverfahrens arbeitende, neu entwickelte Hysteresemeßgerät beschrieben. Unter Einbeziehung bestimmter Voraussetzungen genügt das Gerät allen gestellten Anforderungen vollauf, was u. a. durch umfangreiche Versuchsreihen an temperaturbehandelten Polyamid 6-Fäden bewiesen werden konnte.

Mit dem neu entwickelten Gerät lassen sich neben der Hysterese auch die bei der Dauerschwingprüfung auftretende obere und untere Kraftgrenze bestimmen. Aus den genannten drei Meßgrößen ist die elastische Arbeit, die Dämpfung und der dehnungsbezogene Spannungsanstieg berechenbar.

Die an temperaturbehandelten Polyamid 6-Fäden bezüglich der erwähnten Meßgrößen gewonnenen Ergebnisse werden diskutiert. Dabei ist der folgende Sachverhalt bemerkenswert: Die Meßwerte werden dann besonders stark von der Vorbehandlungstemperatur beeinflußt, wenn die während der Vorbehandlung herrschende Vorspannung und die für die Dauerschwingprüfung eingestellte Vordehnung gering sind. Dagegen ist bei einer während der Vorbehandlung auf die Probe einwirkenden großen Vorspannung und einer während der Dauerschwingprüfung aufgebrachten hohen Vordehnung nur ein geringer Einfluß der Vorbehandlungstemperatur auf die Hysterese, auf die elastische Arbeit, auf die Dämpfung und auf den dehnungsbezogenen Spannungsanstieg zu erwarten.

Eine Interpretation dieser Zusammenhänge wird an Hand eines Modells für den molekularen Aufbau des Polyamid 6-Fadens gegeben.

9. Literaturverzeichnis

[1] MESKAT, W., und O. ROSENBERG, Prüfmethoden an Faserstoffen. In: H. A. Stuart, Die Physik der Hochpolymeren, IV. Band, Springer Verlag, Berlin–Göttingen–Heidelberg 1956.

[2] WINKLER, F., Systematik der dynamischen Prüfverfahren für hochpolymere Festkörper. Faserforschung und Textiltechnik 9 (1958), 109, 476 und 10 (1959), 75, 183, 209, 376.

[3] WEGENER, W., Festigkeits- und Formänderungseigenschaften. In: Handbuch der Werkstoffprüfung, 5. Band, Die Prüfung von Textilien, Springer Verlag, Berlin–Göttingen–Heidelberg 1960.

[4] MORTON, W. E., und J. W. S. HEARLE, Physical Properties of Textile Fibres. Manchester & London, The Textile Institute, Butterworths 1962.

[5] WEGENER, W., Ursprüngliche und abgeleitete Funktion auf Zug beanspruchter Seiden und Kunstseiden. Melliand Textilberichte 35 (1954), 40, 156.

[6] GRIGNET, J., und F. MONFORT, Application dynamométrique textile d'un intégrateur-différentiateur électronique. Fédération Lainière Internationale, Comité Technique, Congrès de Cannes, 27./28. Mai 1957, Rapport No. 9.

[7] WEGENER, W., und W. STEIN, Elektrische Meßverfahren zur gleichzeitigen Ermittlung der Kraft-Dehnungskurve und ihrer ersten Ableitung. Z. ges. Text. Ind. 66 (1964), 760, 827.

[8] WEGENER, W., und G. EGBERS, Zusammenhang zwischen den dynamometrischen Eigenschaften und der Struktur eines vorbehandelten Polyamid 6-Monofils. Chemiefasern 16 (1966), 396, 488, 561, 632, 720, 814.

[9] WEGENER, W., und G. EGBERS, Dynamometrisches Verhalten und Struktur von auf Dauerstand beanspruchten unbehandelten und behandelten Polyamid 6-Fäden. Chemiefasern 16 (1966), 64, 137, 215, 304.

[10] KEMMNITZ, G., Graphische Auswertung der Hysterese von Hochpolymeren. Faserforsch. und Textiltechn. 11 (1960), 457.

[11] HOFFMANN, W., Ein elektrisches Verfahren zur Bestimmung des Flächeninhaltes von Hystereseschleifen. Rheologica Acta 3, No. 3 (1964), 172.

[12] BAUER, A., und F. WINKLER, Dynamische Zugprüfung von Fäden. IV. Die Hystereseschleife. Faserforsch. und Textiltechn. 16 (1965), 304.

[13] WEGENER, W., Spannungs-Dehnungseigenschaften einer auf dynamischen Dauerstand beanspruchten Viskosekunstseide. Z. ges. Text. Ind. 54 (1952), 10, 71, 105.

[14] WEGENER, W., Der dynamische Dauerversuch und seine Auswertung. Melliand Textilberichte 34 (1953), 640, 742.

[15] WEGENER, W., und E. BRODTMANN, Naßversuche an einer Kupfer- und einer Perlon-Kunstseide auf dynamischen Dauerstand. Z. ges. Text. Ind. 55 (1953), 633.

[16] KEMMNITZ, G., W. MESKAT und H. MEUMANN, Eigenschaften von Reifencorden unter dynamischer Zugwechselbeanspruchung. Rheologica Acta 1 (1958), 268.

[17] SHIRAKASHI, K., K. ISHIKAWA und W. ISHIBASHI, A Resilience Meter. J. Soc. Text. Cell. Ind. Japan 14 (1958), 933.

[18] SHIRAKASHI, K., K. ISHIKAWA, W. ISHIBASHI und T. SHIBUSAWA, Hysteresis and Related Properties of Textiles II. J. Soc. Text. Cell. Ind. Japan 15 (1959), 863.

[19] SHIRAKASHI, K., K. ISHIKAWA, N. NAKAJIMA und H. KUSUKI, Hysteresis and Related Properties of Textiles III. J. Soc. Text. Cell. Ind. Japan 15 (1959), 985.

[20] SHIRAKASHI, K., K. MIYASAKA und K. ISHIKAWA, The Cylic Extension of Rayon at Constant Strain. J. Soc. Text. Cell. Ind. Japan 18 (1962), 8, 651.

[21] WEGENER, W., G. EGBERS und R. GUSE, Eine neue Methode zur direkten Bestimmung der Flächeninhalte von Hystereseschleifen. Melliand Textilberichte 47 (1966), 1115.

[22] HOFFMANN, W., Die Ermittlung molekularer Parameter mittels dynamischer Meßmethoden am Beispiel von Perlonmonofilen. Rheologica Acta 5 (1966), 101.

Forschungsberichte des Landes Nordrhein-Westfalen

Herausgegeben im Auftrage des Ministerpräsidenten Heinz Kühn
von Staatssekretär Professor Dr. h. c. Dr. E. h. Leo Brandt

Sachgruppenverzeichnis

Acetylen · Schweißtechnik
Acetylene · Welding gracitice
Acétylène · Technique du soudage
Acetileno · Técnica de la soldadura
Ацетилен и техника сварки

Arbeitswissenschaft
Labor science
Science du travail
Trabajo científico
Вопросы трудового процесса

Bau · Steine · Erden
Constructure · Construction material ·
Soil research
Construction · Matériaux de construction ·
Recherche souterraine
La construcción · Materiales de construcción ·
Reconocimiento del suelo
Строительство и строительные материалы

Bergbau
Mining
Exploitation des mines
Minería
Горное дело

Biologie
Biology
Biologie
Biologia
Биология

Chemie
Chemistry
Chimie
Quimica
Химия

Druck · Farbe · Papier · Photographie
Printing · Color · Paper · Photography
Imprimerie · Couleur · Papier · Photographie
Artes gráficas · Color · Papel · Fotografía
Типография · Краски · Бумага · Фотография

Eisenverarbeitende Industrie
Metal working industry
Industrie du fer
Industria del hierro
Металлообрабатывающая промышленность

Elektrotechnik · Optik
Electrotechnology · Optics
Electrotechnique · Optique
Electrotécnica · Optica
Электротехника и оптика

Energiewirtschaft
Power economy
Energie
Energía
Энергетическое хозяйство

Fahrzeugbau · Gasmotoren
Vehicle construction · Engines
Construction de véhicules · Moteurs
Construcción de vehículos · Motores
Производство транспортных средств

Fertigung
Fabrication
Fabrication
Fabricación
Производство

Funktechnik · Astronomie
Radio engineering · Astronomy
Radiotechnique · Astronomie
Radiotécnica · Astronomía
Радиотехника и астрономия

Gaswirtschaft
Gas economy
Gaz
Gas
Газовое хозяйство

Holzbearbeitung
Wood working
Travail du bois
Trabajo de la madera
Деревообработка

Hüttenwesen · Werkstoffkunde
Metallurgy · Materials research
Métallurgie · Materiaux
Metalurgia · Materiales
Металлургия и материаловедение

Kunststoffe
Plastics
Plastiques
Plásticos
Пластмассы

Luftfahrt · Flugwissenschaft
Aeronautics · Aviation
Aéronautique · Aviation
Aeronáutica · Aviación
Авиация

Luftreinhaltung
Air-cleaning
Purification de l'air
Purificación del aire
Очищение воздуха

Maschinenbau
Machinery
Construction mécanique
Construcción de máquinas
Машиностроительство

Mathematik
Mathematics
Mathématiques
Mathemáticas
Математика

Medizin · Pharmakologie
Medicine · Pharmacology
Médecine · Pharmacologie
Medicina · Farmacología
Медицина и фармакология

NE-Metalle
Non-ferrous metal
Metal non ferreux
Metal no ferroso
Цветные металлы

Physik
Physics
Physique
Física
Физика

Rationalisierung
Rationalizing
Rationalisation
Racionalización
Рационализация

Schall · Ultraschall
Sound · Ultrasonics
Son · Ultra-son
Sonido · Ultrasónico
Звук и ультразвук

Schiffahrt
Navigation
Navigation
Navegación
Судоходство

Textilforschung
Textile research
Textiles
Textil
Вопросы текстильной промышленности

Turbinen
Turbines
Turbines
Turbinas
Турбины

Verkehr
Traffic
Trafic
Tráfico
Транспорт

Wirtschaftswissenschaften
Political economy
Economie politique
Ciencias económicas
Экономические науки

Einzelverzeichnis der Sachgruppen bitte anfordern

Westdeutscher Verlag · Köln und Opladen
567 Opladen/Rhld., Ophovener Straße 1–3, Postfach 1620

If you have any concerns about our products,
you can contact us on
ProductSafety@springernature.com

In case Publisher is established outside the EU,
the EU authorized representative is:
Springer Nature Customer Service Center GmbH
Europaplatz 3, 69115 Heidelberg, Germany

Printed by Libri Plureos GmbH
in Hamburg, Germany